見学！
日本の大企業
花 王

編さん／こどもくらぶ

ほるぷ出版

はじめに

　会社には、社員が数名の零細企業から、何千・何万人もの社員が働くところまで、いろいろあります。社員数や資本金（会社の基礎となる資金）が多い会社を、ふつう大企業とよんでいます。

　日本の大企業の多くは、明治維新以降に日本が近代化していく過程や、第二次世界大戦後の復興、高度経済成長の時代などに誕生しました。ところが、近年の経済危機のなか、大企業でさえ、事業規模を縮小したり、ほかの会社と合併したりするなど、業績の維持にけん命です。いっぽうで、好調に業績をのばしている大企業もあります。

　企業の業績が好調な理由のひとつは、独創的な生産や販売のくふうがあって、会社がどんなに大きくなっても、それを確実に受けついでいることです。また、業績が好調な企業は、法律を守り、消費者ばかりでなく社員のことも大切にし、環境問題への取りくみや、地域社会への貢献もしっかりしています。さらに、人やものが国境をこえていきかう今日、グローバル化への対応（世界規模の取りくみ）にも積極的です。

　このシリーズでは、日本を代表する大企業を取りあげ、その成功の背景にある生産、販売、経営のくふうなどを見ていきます。

★

　みなさんは、将来、どんな会社で働きたいですか。

　大企業というだけでは安定しているといえない時代を生きるみなさんには、このシリーズをよく読んで、大企業であってもさまざまなくふうをしていかなければ生き残っていけないことをよく理解し、将来に役立ててほしいと願います。

　この巻では、日用品の総合メーカーとして、研究・開発を原動力に、「よきモノづくり」をつづける花王をくわしく見ていきます。

目次

1. 「よきモノづくり」をめざして …………………… 4
2. 創業者・長瀬富郎と花王石鹸 …………………… 6
3. 引きついで、発展させる …………………… 8
4. 研究開発と消費者視点 …………………… 10
5. 戦争による混乱と再建 …………………… 12
6. 合成洗剤時代のとびらを開く …………………… 14
7. 近代化への取りくみ …………………… 16
8. 新市場を開拓する商品 …………………… 18
9. 「アタック」の登場 …………………… 20
10. 暮らしを支えるケミカル製品 …………………… 22
11. 業務革新から企業革新へ …………………… 24
12. 花王の海外展開 …………………… 26
13. 企業理念を受けつぎ発展させる …………………… 28
14. 環境への取りくみと社会貢献活動 …………………… 30

資料編❶ 花王と製品の歴史 …………………… 33
資料編❷ 花王エコラボミュージアムを見学しよう！ …………………… 36

● さくいん …………………… 38

1 「よきモノづくり」をめざして

花王は、石けんや洗剤などのメーカーとして、日本でもっとも知られている企業。清潔、美、健康の3つの分野で、長年にわたり、人のからだに直接ふれる多くの商品を製造している。そこには、「よきモノづくり」の精神が生きている。

日本一のシェア[*1]と日本一の売上

石けん、シャンプー、洗剤などを製造・販売する花王は、120年以上の長い歴史をもつ、日本でもっとも大きな日用品・化学メーカーです。取りあつかう商品は2000種類をこえ、日本じゅうのどの家庭にもかならずひとつは見られるといってもいいほど、人びとの暮らしのすみずみにまでゆきわたっています。とくに、衣料用洗剤や台所用洗剤では、高い国内シェアをもち、第1位の座を長年守っています。そのほかにも、化粧品や産業用の化学製品など、さまざまな製品をもつ花王は、1兆3000億円以上の年間売上を達成しています（2013年度）。

「よきモノづくり」とは

花王の商品づくりの姿勢は、創業のときからかわっていません。それをひとことでいいあらわしたのが、「よきモノづくり」です。これは、消費者の立場にたった商品をつうじて、人びとのゆたかな生活文化の実現に貢献するということです。代表的な商品として、1890（明治23）年に発売された高級化粧石けんの「花王石鹸」（→p6）や、1987（昭和62）年に発売されたコンパクト[*2]洗剤の「アタック」（→p20）などがあります。これらの商品は、その後、人びとの生活に大きな変化を生みだしました。「よきモノづくり」はつねに

▶衣料用洗剤のはげしい競争のなかのトップシェアブランド「アタック」の最新の商品、超濃縮液体洗剤「ウルトラアタックNeo」。たった5分の洗浄時間で汚れもにおいもしっかり落とす、スピード洗濯が可能となった。

花王の原点であり、社員一人ひとりの原動力です。いままでも、そしてこれからも「清潔」「美」「健康」の分野で、活動の範囲を広げていきます。

[*1] ある商品の販売が一定の地域や期間内で、どれくらいの割合をしめているかを示す率。
[*2] 「ぎっしりつまった」という意味。ここでは、濃縮されていること。

●花王の2013年度連結売上高

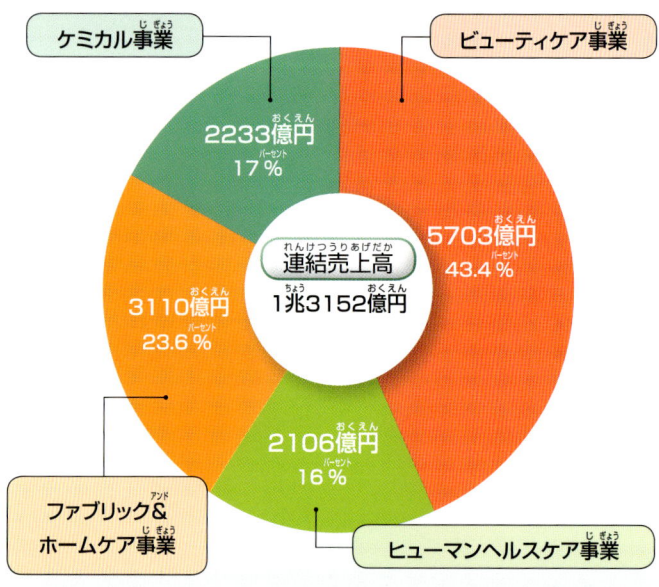

▲連結売上高（花王グループ全体の売上）と、各事業の売上割合。日本国内の売上は、全体の約70％（2013年度）。

見学！日本の大企業 花王

● 花王の4つの事業分野

● ビューティケア事業

お客さまがもとめる「美しさ」を実現するため、化粧品や、洗顔料などのスキンケア（肌の手入れ）製品、シャンプー、リンスなどのヘアケア（髪の手入れ）製品を取りあつかう。「ソフィーナ」「カネボウ」などのいくつかのブランドによって、日本だけでなく、アジア、ヨーロッパ、アメリカなど、各国の需要にこたえている。

▲ビューティケア事業で、世界各国で販売されている製品類。

● ヒューマンヘルスケア事業

独自技術から生まれたサニタリー（衛生）製品、健康機能飲料、歯みがきや入浴剤など、快適ですこやかな毎日をサポートするための製品を取りあつかう。

◀ヒューマンヘルスケア事業の製品類。紙おむつ「メリーズ」（左）は、中国で発売されているもの。

● ファブリック*1 ＆ホームケア事業

衣料用洗剤や柔軟しあげ剤などのファブリックケア製品と、台所用や住居用の洗剤などのホームケア製品をつうじて、清潔で心ゆたかな暮らしを実現している。

▲ファブリック＆ホームケア事業の製品類。衣料用洗剤「アタック」（左の4つ）は、アジアを中心に海外でも人気。

● ケミカル事業

天然油脂*2が原料の油脂製品や、界面活性剤*3、トナー（→p23）、香料など、さまざまなケミカル（化学）製品を世界展開している。

▶ケミカル事業の製品類。

*1 布地のこと。
*2 脂肪酸とグリセリン（アルコールの一種）の化合物。牛脂・豚脂・オリーブ油・大豆油などにふくまれる。
*3 分子内に水になじみやすい部分と、油になじみやすい部分をもつ物質の総称。洗剤の主成分。

花王ミニ事典

月のマーク

花王といえば、多くの人が思いつくのが月のマーク。最初のマークは、花王の創業者である初代長瀬富郎が、自分の長瀬商店であつかった輸入品の鉛筆にあった月と星のマークをヒントに考案したもので、美と清浄（清くてけがれのないこと）を象徴したとされる。その後、何度かデザインがかわり、現在つかわれているデザインは、1953（昭和28）年に採用されたもの。月のマークはまさに、花王の象徴だ。

①
①1890（明治23）年。「花王石鹸」のラベルにつかわれた最初の月のマーク。「花王石鹸」の文字と、店の印をあしらった。

②
②1943（昭和18）年。右向きだった顔が左向きにかわった。右向きの下弦の月より、（これから満月へと満ちていく）左向きの上弦の月のほうが縁起がよいとされた。

③
③1948（昭和23）年。第二次世界大戦が終わって、男性の顔から女性の顔にかわり、月の上下がつながった。マークを製品や広告につかうときに、円形にすることで印象をつよめる効果をねらった。

④
④1953（昭和28）年。消費者により親しみをあたえるように、すっきりした線の子どもの顔にかわった。色はオレンジを採用。

⑤
⑤1985（昭和60）年。「花王石鹸株式会社」から「花王株式会社」への社名変更（→p24）にあわせて、コーポレートカラー（会社を象徴する色）をグリーンにした。

⑥
⑥2009（平成21）年以降。花王の現在のマークとロゴ。国際化に向けて、「花王」が「kao」になった。

2 創業者・長瀬富郎と花王石鹸

文明開化にわく明治時代初期の東京にあって、21歳の若者、長瀬富郎は、大きな事業を夢みていた。商売の中心地に店をかまえ、国産の優良な商品製造に取りくみ、「花王石鹸」を生みだした。

▶長瀬富郎（1863～1911年）。

花王のルーツ、長瀬商店

花王の創業者・長瀬富郎は、江戸時代の末ごろ、1863（文久3）年11月21日に、いまの岐阜県中津川市に生まれました。時代が明治（1868～1912年）にかわると、11歳で親戚の塩問屋兼雑貨商「若松屋」に入店します。すると、熱心な働きぶりが認められて16歳で番頭[*1]に昇進し、21歳で副支配人となりました。若松屋で商売の基本を学んだ富郎には、大きな夢がありました。それは、文明開化[*2]の進む東京に出て、いつか大きな事業をおこしたいということでした。

1885（明治18）年に22歳で上京すると、2年後の1887（明治20）年6月19日、日本橋馬喰町に洋小間物をあつかう「長瀬商店」を開業。洋小間物とは、輸入品の化粧雑貨や文房具などのおしゃれな日用品のことで、富郎はこれからの時代に大いに人気が出ると考えたのです。この長瀬商店が、「花王」のルーツとなりました。

「花王石鹸」の誕生

当時の洋小間物のなかでいちばん人気があったのは、化粧石けんでした。しかし品質のいい化粧石けんは高価な舶来品（外国製品）にかぎられていて、国産品は「安かろう悪かろう」[*3]といわれていました。そこで富郎は、優良な石けんを製造し、販売しようと決意します。

富郎はまず、当時石けん製造の職人として知られていた村田亀太郎の協力をあおぎました。さらにもうひとり、遠い親戚で薬剤師だった瀬戸末吉から、香料や色素について学びました。村田と瀬戸の協力をえた富郎は、半年間の努力の結果、1890（明治23）年10月17日、舶来品に負けない品質の国産優良化粧石けん、「花王石鹸」を発売しました。桐箱入り3個で35銭という価格の「花王石鹸」は、当時米が5kgも買えるほどの、高価な品でした。

[*1] 商家のやとい人のかしらで、店のすべてをとりしきる者。
[*2] 明治時代初期に、西洋の文化にならって、近代化をめざしたこと。
[*3] 値段の安いものは、それなりの品質しかなく、よいものはない、という意味。

▲富郎に協力した村田亀太郎（上）と、瀬戸末吉（下）。

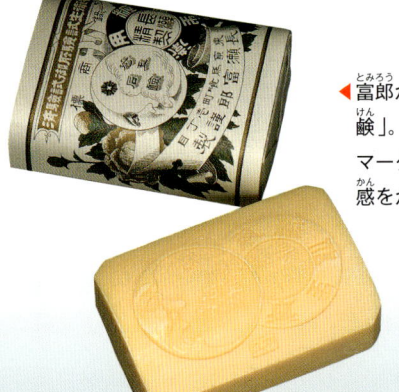

◀富郎が開発・発売した「花王石鹸」。石けんの表面にも月のマークがうきぼりにされ、高級感をかもしだしている。

見学！日本の大企業 花王

▲「花王石鹸」は、高級な素材とされた桐の箱におさめて、3個入りで販売した。手前は石けんの表面にうきぼりをつけるための金型。

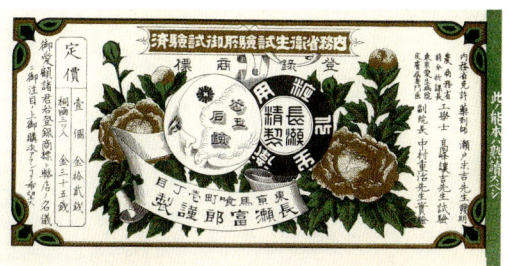
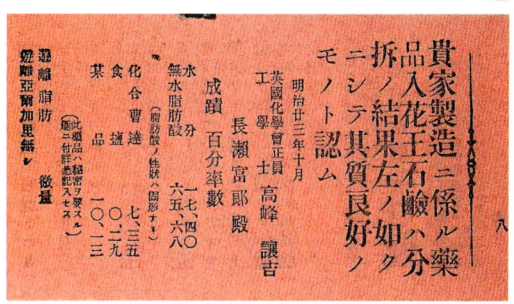
▲「花王石鹸」のラベル（上）の中央左には、月のマークがデザインされ、上部には衛生試験がすんでいると書かれていた。また、成分分析表（下）が入れられていた。

「花王」と名づけた意味

　国産の化粧石けんを発売するにあたり、富郎が商品に「花王」と名づけたのは、「顔も洗える高級石けん」という意味で、「顔」を「花王」としたとされます。当時は、肌をいためるような品質のわるい国産石けんが多く、「花王石鹸」発売直後は、「あの顔洗い石けんがほしい」という注文があったと伝えられます。

　商品名は、香りのすぐれた商品という意味をあらわす「香王」などの候補がありましたが、最終的には、読みやすく書きやすい「花王」となりました。「花王石鹸」は名実ともに長瀬商店を支える商品となり、のちに「花王」は会社名にもなりました。

すぐれた商品をつよい販売力と広告で

　品質がすぐれ、どこに出してもひけをとらない商品が完成したあと、富郎は販売と広告、すなわちマーケティングに力を入れました。

　まず考えたことは、「花王石鹸」の全国販売でした。当時は東日本と西日本に商売の範囲がわかれていて、東京の商品が西日本で販売されることはほとんどありませんでした。そこで富郎は大阪の有力な輸入雑貨業者と交渉して、西日本での販売を引きうけてもらいました。次は広告です。富郎はまず、日本ではまだめずらしかった新聞広告を出しました。また鉄道沿線に看板をたてたり、電柱や風呂屋に広告を出したりするなど、きめこまかな宣伝活動をおこないました。その結果、売上は最初の数年間で何倍にものびました。すぐれた商品をつくり、つよい販売力と広告で宣伝・販売する手法は、その後もずっと受けつがれていきます。

▼▶「花王石鹸」の新聞広告（右、1890年）と、愛知県内の鉄道ぞいにたてられた看板（下、1925年ごろ）。

3 引きついで、発展させる

若くしてなくなった創業者・長瀬富郎を引きつぎ、長瀬商会を
さらに発展させたのは、息子の二代長瀬富郎だった。
二代目は会社を近代化し、「花王石鹸」を
モデルチェンジするという大きな改革をなしとげた。

バトンをわたす

　長瀬富郎は結核をわずらい、1911（明治44）年10月に47歳でなくなりました。長瀬商店は、富郎がなくなる前に長瀬商会と名まえをあらため、商店から会社組織にかわりました。富郎の死後、彼の思いはふたりの弟たちに引きつがれ、弟たちは会社を支え、のちの東京工場の前身となる吾嬬町工場（いまの東京都墨田区内）も完成させました。しかし、工場の稼働目前の1923（大正12）年9月1日、関東大震災[*1]が発生し、1908（明治41）年に完成していた、日本橋馬喰町の本社ビルも、工場も被害にあいました。それでも長瀬商会は、人びとからの需要にこたえるために、すみやかに復旧をはたしました。この時期は、次に登場するリーダーへバトンを引きつぐ準備期間となりました。

◀日本橋馬喰町の長瀬商店本社ビル（1908年完成）。

二代長瀬富郎

　関東大震災から4年後の1927（昭和2）年、初代長瀬富郎の三男、二代長瀬富郎が22歳の若さで社長になりました。長瀬商会は、すでにその2年前に「株式会社[*2]花王石鹸長瀬商会」と社名を変更していました。新しい会社組織のもと、ちょうど時代が昭和にかわったタイミングで社長となった二代富郎は、大胆な改革を進めていきます。
　彼はまず海外の視察に出かけ、アメリカ・ヨーロッパの先進技術を見てまわりますが、その出発直前に、全社員に対してメッセージを伝えました。「いまわれわれは、創業の使命のもと、消費者第一主義をつらぬいているだろうか」（一部改訂）。このようなことばで、現状に満足せず、つねに原点を見つめなおして事業に取りくむことと、単なる金もうけではない社会的使命があることを、社員にうったえたのです。この姿勢は、初代長瀬富郎の「天佑は常に道を正して待つべし」[*3]のことばとともに、のちの花王にずっと引きつがれていきます。

▲二代長瀬富郎（21歳ごろ）。

*1　神奈川県相模湾を震源に発生した、マグニチュード7.9の大地震。東京を中心に大きな被害が生じた。
*2　株主（企業が事業の資金をえるために発行する「株券」を保有する人）から委任を受けた経営者が事業をおこない、利益を株主に配当する企業。
*3　初代富郎が遺言状にのこしたことば。「天の助けは、つねに正しいことをおこなう者にあたえられる」という意味。

見学！ 日本の大企業 花王

▲海外視察からかえった二代長瀬富郎（前列左）と、それをかこむ会社の役員たち（1929年）。

ました。このころから花王は、個人商店から近代的な企業としての基盤をきずきはじめました。

41年ぶりのモデルチェンジ

二代富郎は社長就任のあいさつのなかで、「社会の要求にピッタリあう商品づくりをめざす」ことを宣言しました。彼がおこなった最大の改革が、「花王石鹸」のモデルチェンジ。初代富郎によって発売された「花王石鹸」は、40年以上、成分の配合やかたち、包装紙の柄がほとんどかわっていませんでした。二代富郎は、もともと評判のよい商品にさらに改良をくわえて、社会の要求にあう商品をつくるために、原料、製法、香料など、製造のすべてを見なおすように指示しました。さらに、海外視察で見てきた近代的な生産設備を輸入し、大量生産、製造期間の短縮、コストの削減をめざしました。こうした準備ののちに、1931（昭和6）年3月1日、41年ぶりにモデルチェンジされた新装「花王石鹸」が、全国いっせいに発売されました。さまざまな宣伝・広告の効果もあって、会社の売上はしだいにのびはじめ

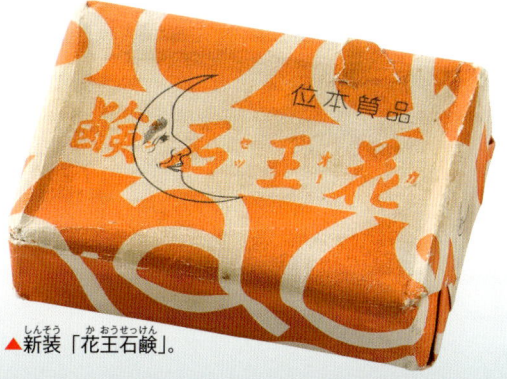
▲新装「花王石鹸」。

花王 ミニ事典

デザインコンクールと宣伝・広告

新装「花王石鹸」の包装デザインを決めるのに、話題づくりの意味もこめて、コンクールがおこなわれた。一流デザイナー8人のアイデアから選ばれたのは、朱色の地にアルファベットで「Kwao Soap」の文字という新鮮なもの。発売にあたっては、新聞広告を出したり、アドバルーンをあげたり、デパートでゴム風船をくばったりと、さまざまな宣伝活動をおこない、新しいブランドをつよくうったえた。

▲包装デザインコンクールに提案された、さまざまなデザイン。

▼新装「花王石鹸」は、業界初となる、新聞一面の写真広告で宣伝された。キャッチフレーズの「純度99.4％、正価一個十銭」の文字が見える。

4 研究開発と消費者視点

創業者・初代長瀬富郎は、みずからが商品の開発に取りくむ研究者でもあった。それ以来、花王の研究開発は会社発展の原動力となってきた。そのなかから新しい商品が生まれ、消費者の立場にたった活動がおこなわれた。

研究部と「研究の研究会」

1931（昭和6）年3月に新装「花王石鹸」（→p9）が発売されるに先だって、1929（昭和4）年に、商品開発とそのための技術開発に力をそそぐ、研究部がはじめてもうけられました。改革をめざす二代長瀬富郎はさらに、会社内に「研究の研究会」をたちあげました。研究担当者だけでなく、会社の役員や販売担当者もともに学ぶことをめざしたこの会の発足によって、石けんの製造を多角的に研究する体制ができました。新装「花王石鹸」が生みだされるにあたって研究者がおこなったくふうのひとつは、牛脂などの動物系油脂の割合をおさえて、植物系ヤシ油の割合を高めたことです。それにより、いっそうとけやすく、やわらかいあわだちで、ふくよかなかおりの石けんが生みだされました。研究部と「研究の研究会」は、その後もさまざまな研究活動をおこないました。

▼新装「花王石鹸」の発売と同時期に、さまざまな新しい商品が発売された。

新しい時代の製品開発

研究部での研究がもとなった、新装「花王石鹸」の成功をステップに、長瀬商会は新しい時代の新しい商品開発を進めます。それはまた、「花王石鹸」だけに特化した営業からの大きな方向転換でした。

▲「花王シャンプー」（1932年発売）。

●「花王シャンプー」

この当時、女性が髪を洗うのは、ふつう月に2回程度だった。花王では髪洗い専用の商品を開発し、「週に1度の髪洗い」をすすめた。最初はまだ石けんがもとになった固形シャンプーだった。

●小粒洗濯石けん「ビーズ」

洗濯用の洗剤があらわれる前は、石けんを小粒にしたものが、洗濯につかわれていた。

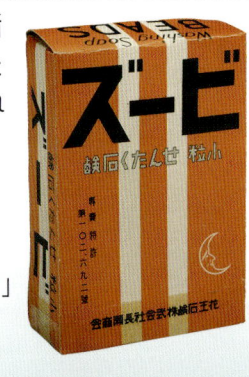

▶小粒洗濯石けん「ビーズ」（1934年発売）。

見学！日本の大企業 花王

▲「エキセリン」をつかって洗濯する主婦。

家事科学研究所がめざしたこと、つまり、消費者の声に耳をかたむけ、それを企業活動に反映して商品の開発や改良に結びつけることは、消費者視点の活動として現在でもつづいています。

● 衣料用粉末中性洗剤「エキセリン」

花王の研究部ではヤシ油から高級アルコール*を生産する技術を開発。高級アルコールを原料として生まれた洗濯洗剤の「エキセリン」は、数年前に発売された小粒洗濯石けん「ビーズ」より3倍ほど高い価格だったが、当時流行していた衣料素材にあっていたこともあり、ヒットした。

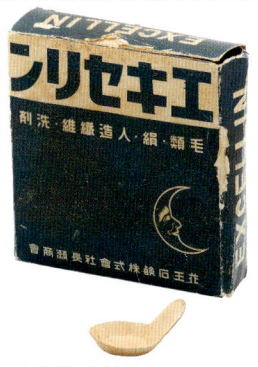
▲粉末中性洗剤「エキセリン」（1938年発売）。

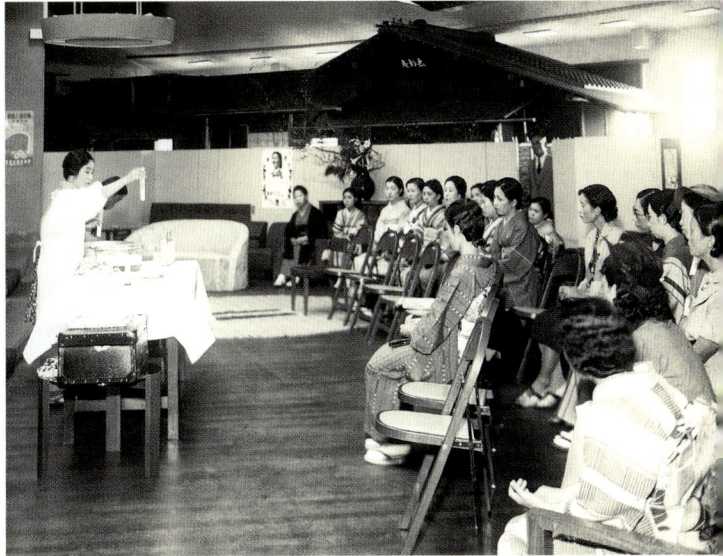
▲洗濯講習会のようす。

*分子（物質の性質をもつ最小単位）量の大きいアルコールの総称。分子のなかにある炭素の数が6個以上のものをさす。

長瀬家事科学研究所

1934（昭和9）年に、花王本社ビル内に家事科学研究所（のちに、長瀬家事科学研究所）がもうけられました。それは、女性の仕事としてあまり重要視されていなかった家事を科学としてとらえて研究し、家事のむだをはぶき、能率を向上させることを目的としていました。女性の家事についての知識をますための講演会は、女子教育、美容などの専門家によっておこなわれました。また「エキセリン」が発売されてからは、日本各地での洗濯講習会にいっそう多くの女性が参加し、1940（昭和15）年までの6年間で、開催回数4536回、参加者はのべ150万人になりました。

花王ミニ事典
日本髪と洗髪

日本ではむかしから、髪をひんぱんに洗う習慣はなかった。江戸時代（1603〜1868年）など、女性が日本髪をゆっていた時代は、月に1度程度洗うのがふつうだった。ふだん女性は、髪油をつけ、くしでといてあかを取った。「七夕（7月7日）に髪を洗うと、髪がうつくしくなる」などといったことばがあったほど、髪洗いは特別なことだった。

大正から昭和にかけて（1920年代）、日本初の「シャンプー」が発売されたが、はじめはあまり売れなかった。その後「花王シャンプー」が登場して、ようやく髪洗いが普及しはじめ、シャンプーということばも社会に定着するようになった。

5 戦争による混乱と再建

昭和に入ると、戦争に向かう時代のなか、
花王も軍需にこたえるためのさまざまな技術開発をおこなった。
戦後は、会社も従業員も生きのこるために必死だった。
一度は分立した会社は、花王石鹸株式会社として大合同した。

戦時統制[*1]下での研究・開発

1937（昭和12）年に日本と中国とのあいだで戦争がはじまると、鉄鋼業などの軍需産業が生産をのばすいっぽうで、花王など民需[*2]産業では、国の統制によって、原料や労働力だけでなく、電力、石炭などのエネルギー源も不足しはじめました。それまでおもに石けんの原料として利用していたのは牛脂やヤシ油を精製・加工したものでしたが、花王の研究者たちは、価格が安定していたいわし油をつかって、石けんの原料のひとつである硬化油[*3]を製造する研究をおこないました。統制の時代におこなわれたこのような技術開発は、戦争後の時代にも生かされることになります。

[*1] 戦争中や戦争に向かう時代に、経済の混乱をおさえるため、物の生産量や価格などを政府が管理すること。
[*2] 軍隊が必要とするすべての資材を総称する「軍需」に対して、「民需」とは、人びとの社会生活で必要とされる需要のこと。
[*3] 常温で液体となっている油脂を化学的に処理することで、常温で固形化させた油脂のこと。

石けん製造の苦しさ

石けんの原料である油脂の値上がりがつづいていたとき、政府から販売価格をかえないようにとの指示が出され、「花王石鹸」の高い品質をたもつこともむずかしくなっていました。業界ではこの時期、戦時中でも使用できた原料をつかったさまざまな商品を発売することで、売上をカバーしようとしました。花王でも、薬用はみがきや洗顔クリーム、クレヨンなどをあらたに発売しました。

▼吾嬬町工場内の、「エキセリン」の生産設備（1936年）。

▲「薬用花王はみがき」（左）、「花王粉石鹸（ひげそり用）」（右）。どれも、1940（昭和15）年の発売。

見学！日本の大企業 花王

▲「花王クレヨン」のパッケージ。

再建に苦労する

　1945（昭和20）年8月に第二次世界大戦（太平洋戦争）が終わったあとの数か月間は、花王の歴史のなかでももっとも苦しい時期でした。空襲によって東京の本社だけでなく、各地の工場も焼けていました。それでも、焼けのこった機械で、石けんやそのほかの商品の製造をはじめました。終戦の前の年に完成した和歌山工場は、航空潤滑油（航空機用のエンジンオイル）製造のための施設であったため、民需の商品製造に切りかえることがむずかしく、従業員も多くを解雇せざるをえませんでした。のこった従業員は、くつクリームや除毛クリームなど、考えつくものならなんでも生産し、再建をめざしました。

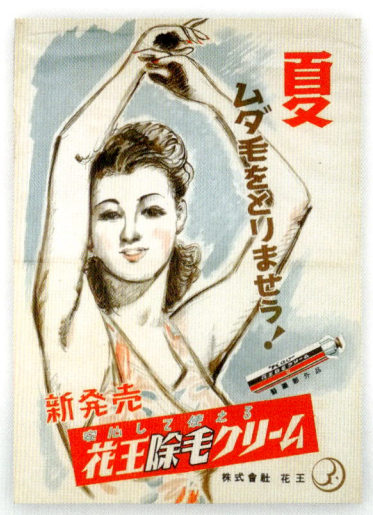
▲「花王くつクリーム」（左、1941年）と、「花王除毛クリーム」の広告（右、1948年）。

3社分立体制から大合同へ

　そんななか、1946（昭和21）年3月、難関をのりこえるために、花王は、花王石鹸株式会社長瀬商会、大日本油脂株式会社、日本有機株式会社の3社にわかれ、独立して経営改善を進めました。このなかでは、長瀬商会はおもに販売をおこない、ほかの2社はそれぞれ、研究・開発と商品の製造をおこないました。3社は最終的に、1954（昭和29）年8月3日、「花王石鹸株式会社」として合併（大合同）しました。

花王 ミニ事典
石けんの配給

　戦争前から人びとの日常生活では、食糧をはじめ、さまざまな物不足がつづいていた。石けんもそのひとつで、とくに戦争中は、家族に何グラムなどと割り当てられていた。さらに、さまざまな原料からつくられた石けんは質がわるく、あわだちもよくなかった。なかには、白土や陶器用の土をまぜた「ドロ石けん」などもあったが、それでも人びとは石けんをもとめた。戦争が終わってもその状態がすぐに改善されたわけではなかった。物資の統制はつづいており、人びとは闇市＊で高価な石けんを買うこともしばしばだった。

＊法律で認められていないマーケット（市場）。とくに日本では、戦後の数年間に各都市で開かれ、人びとが食糧などをもとめた違法な市場をさすことが多い。

▼戦争中の配給石けん（左、ドロ石けん）と、戦後の配給石けん（右）。

6 合成洗剤時代のとびらを開く

戦後数年たつと、洗濯には、石けんでなく洗剤がつかわれはじめた。合成洗剤に独自の技術をもっていた花王は、いちはやく家庭用洗剤の開発・販売にのりだした。さらに新しい技術は、シャンプーの新時代のとびらも開いた。

合成洗剤が日本で売れるか

1950（昭和25）年、花王の専務[*1]、丸田芳郎は商品開発のアイデアをもとめて、アメリカに視察に出かけました。丸田はアメリカへ向かう船がたちよったハワイのホノルルのスーパーで、合成洗剤がよく売れているのを目にします。効能書き[*2]を読んだ丸田は、「これなら、花王のエキセリン（→p11）の製造技術でつくれるかもしれない」と考えます。丸田がハワイから送った合成洗剤は分析され、製造が可能であることがわかりました。しかし丸田は、売れるかどうかが心配でした。「日本ではまだ洗濯は洗濯石けんでゴシゴシ洗うものだ。アメリカのように電気洗濯機も普及していない。はたしてアメリカなみに売れるだろう

▶「花王粉せんたく」（左、1951年）と、「ワンダフル」のパッケージ（右、1953年）。

か」。それでも、花王は新洗剤を開発することを決め、それがのちの合成洗剤時代のとびらを開くことになりました。

「花王粉せんたく」と「ワンダフル」

1951（昭和26）年10月、花王のはじめての家庭用合成洗剤「花王粉せんたく」が発売されました。「花王粉せんたく」は、宣伝のために、学校やデパート、住宅などに約50万個が無料でくばられました。その後、もっとなじみやすい商品名にかえることになり、新聞広告で公募した結果、「ワンダフル」となりました。包装に書き入れられた「ソープレスソープ」の文字は「石けんでない石けん」という意味でした。1953（昭和28）年から発売された「ワンダフル」は、そのころ少しずつ普及しはじめた電気洗濯機のメーカーと協力して販売キャンペーンをおこなうなど、さまざまな宣伝広告のおかげで好調な売れゆきを示し、会社の業績アップに貢献しました。

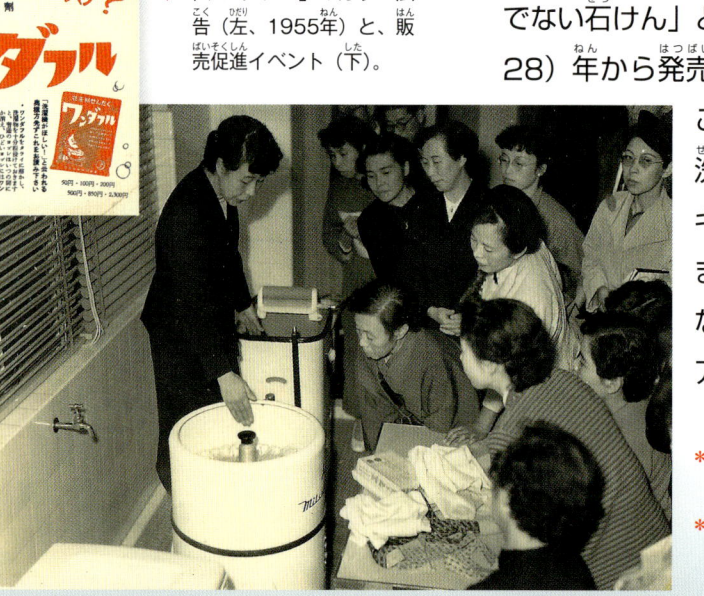

◀▼「ワンダフル」のカラー広告（左、1955年）と、販売促進イベント（下）。

[*1] 会社などの組織における役員のひとつの職。通常、社長を補佐する役割をもつ。
[*2] 洗剤やくすりなどの効果、ききめなどを書いたもの。

見学！日本の大企業 花王

▲「ワンダフル」の街頭宣伝のようす（和歌山県、1954年）。

さまざまな衣料用洗剤の登場

「ワンダフル」が日本全国でじょじょに知られるようになると、同業各社も同じように衣料用合成洗剤を発売し、競争がはげしくなりました。そこで花王では、まず1957（昭和32）年12月に、「ワンダフル」をさらにとけやすくした「ブルーワンダフル」を新発売。さらに、1960（昭和35）年3月、それまでの高級アルコール（→p11）を原料とした合成洗剤にかわり石油を原料とする合成洗剤、「ザブ」を発売しました。「ザブ」は「がんこな汚れにザブ」というキャッチフレーズとともに、売上をのばしました。この年はまた、洗濯用の粉末石けんや固形石けんと合成洗剤の生産高が逆転した年でもあり、洗濯機の普及とともに、合成洗剤の生産高はうなぎのぼりになりました。

「花王フェザーシャンプー」の爆発的ヒット

衣料用合成洗剤が売れゆきをのばすいっぽうで、戦前からの「花王シャンプー」（→p10）にかわり、この当時女性たちに流行したパーマネント（パーマ）の髪をやさしく洗える新製品がもとめられていました。そこで花王では、「エキセリン」の技術を生かし、皮膚と髪にやさしく、あわだちと水切れもよくフケも防止できる、新しいシャンプーづくりを進めました。研究には、女子従業員もふくめ1万人以上が製品テストにくわわったといいます。1955（昭和30）年10月、4年におよぶ研究の末に発売された粉末の「花王フェザーシャンプー」は、1袋1回分のアルミ包装の手がるさも受けて、大ヒット。生産量は2年間で3倍ほどになりました。1959（昭和34）年にはシャンプーの全国出荷高の、60％以上*をしめました。「花王フェザーシャンプー」はその後、1960（昭和35）年には日本初のボトル入り液体シャンプーとなりました。そして、のちの花王のロングセラー商品のひとつである、「メリットシャンプー」などへとつづいていきます。

＊花王調べ。

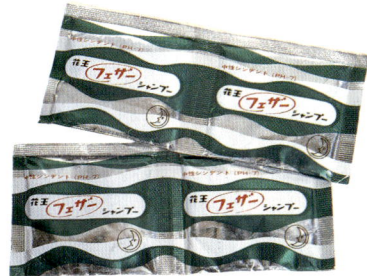

▶アルミ包装で1回分ずつつかえる、「花王フェザーシャンプー」。

◀▲「ザブ」（左、1960年発売）と、「ザブ」の広告（上、1961年）。

▼東京工場の「花王フェザーシャンプー」生産ライン（1968年）。「ライン」とは、ながれ作業による生産工程のこと。

7 近代化への取りくみ

花王グループ各社が、1954（昭和29）年に花王石鹸株式会社として合併したのちにおこなったことのひとつが、流通制度と物流の改革だった。改革を進めるなかでおこったオイルショックは、花王に試練をあたえた。

花王販社の設立

合成洗剤の競争がはげしくなった昭和30年代（1955～1964年）はまた、外国製品の輸入自由化[*1]がはじまり、価格の下がった輸入品もライバルとなりました。それらの製品は、そのころ登場してきた大型スーパーなどで安売りの対象とされていました。あまりに安く売りすぎて、利益がほとんど出ないこともあり、販売店に商品を卸す問屋[*2]は大きな影響を受けるようになりました。

このような状況にあって、花王販社が設立されました。花王販社とは、花王の製品だけを専門にあつかう問屋のことで、花王の製品を独占的に取

*1 国内産業を保護するためにかけていた、輸入品の税金（関税）をなくすこと。自由化すると価格の安い外国商品が多く出まわるようになることが多い。
*2 生産者から商品をしいれて、小売り商に卸し売りする店や人。

▲旧「松花商事」から「神戸花王」となった、花王の第1号販社での出荷のようす（1968年）。

りあつかって、スーパーなどに卸すときに必要以上の値下げをさける役割をはたしました。花王販社は1960年代の終わり（昭和45年ごろ）には、日本全国で100社以上になりました。流通制度をあらためることで、メーカーの花王も安定した資金をえられるようになりました。なお、のちの2007（平成19）年に全国の販社は統一され、化粧品の販売機能もあわせた「花王カスタマーマーケティング株式会社」が発足しました。このようにして、工場から小売店まで全体をとおしたながれがきずかれたことで、以下のふたつの長所が明らかになったといいます。
①商品の品ぎれや過剰な在庫をかぎりなく少なくすることができるようになった。
②商品の売れ方などの店頭の情報をつかんで、報告することで、商品開発や計画の改善につなげることができるようになった。

◀販社倉庫の前にならぶセールスカー。

物流近代化5か年計画

花王は、流通制度の改革だけでなく、実際の製品の運送・納品など、すなわち物流の見なおしにも取りくみました。「ワンダフル」（→p14）や「花王フェザーシャンプー」（→p15）のヒットで、生産量はかくだんにふえていました。しかし、配送や小売店への納品などは、あいかわらずほとんど人手にたよっていました。

▲人手による配送のようす（1965年ごろ）。

そこで花王は、1970（昭和45）年に物流近代化5か年計画をたて、人手をはぶき、コストを下げ、効率化をめざしました。フォークリフトや統一規格パレット*1を採用してスムーズな出荷がおこなえるようにし、さらに製品管理にコンピューターを導入して、在庫情報が倉庫から本社、本社から工場に送られて製造につなげることで、製造から販売までの一貫した製品管理ができるようにしました。

オイルショック*2と洗剤の買いだめ

1971（昭和46）年10月に社長となった丸田芳郎（→p14）は、技術者としての長年の経験をもとに、

*1 フォークリフトで運搬するための荷台。
*2 第4次中東戦争がおこったことに関連して、イラン、イラク、クウェート、サウジアラビア、アラブ首長国連邦など、中東のアラブ諸国が、それまで約100年間安くおさえられていた石油価格をいっせいに、平均して約4倍に値上げした。

▲オイルショックで、人びとは洗剤を買いだめした。

みずから技術開発部門の先頭にたち、研究開発にいっそう力を入れようとしていました。

ところが、社長就任から2年後、1973（昭和48）年にオイルショックがおこり、産業全体につかう石油のほとんどを輸入していた日本経済は、大きな打撃を受けます。花王も影響を受けた企業のひとつで、洗剤などにつかわれる石油系の原料の価格が急激に上昇し、きびしい対応をせまられました。そのほかの物価も急にあがり、一部の人びとは灯油やトイレットペーパー、洗剤などを買いだめしたため、スーパーから品物がなくなる混乱状態がおきました。花王は、洗剤を増産し、迅速で公平な出荷につとめました。その結果、混乱は数か月で終わりました。

▼商品が消えたスーパーの店内。

8 新市場を開拓する商品

オイルショック後、花王はさまざまな分野の商品に取りくんで、新しい市場を切りひらいていった。新しい技術によって新しい素材が生まれ、消費者の必要を満たす新商品に結びついて、人びとの暮らしに大きな変化をもたらした。

現在までつづくロングセラー

花王は、1973（昭和48）年のオイルショック（→p17）をへて、それまで積みあげてきたさまざまな研究の成果をもとに、本格的に事業の多角化にふみだしました。それぞれの分野で開発した商品は、いずれも成功をおさめ、その後、現在までつづくラインナップとなっています。

●高吸水性ポリマーの研究から

花王がサニタリー（衛生）の分野に進出したきっかけとなったのは、大量の水を吸収してにがさないという性質をもつ、高吸水性ポリマー（高分子吸収体）の研究だった。1970年代なかば（昭和50年ごろ）、花王は和歌山研究所でこの素材を研究していた。最初に考えられたのは、紙おむつにつかえないかということだった。
しかしまず目標としたのは、紙おむつとくらべてさまざまな条件で開発しやすく、大きな市場が見こめる女性用生理用品だった。1978（昭和53）年9月発売の「ロリエ」は、高吸水性ポリマーをつかった新しいタイプの生理用品として高い品質が認められ、各地でくばったサンプルなどの効果もあり、順調に生産量をふやしていった。

▶発売当時の「ビオレ」。

●「ビオレ」の発売

肌にやさしい中性タイプの洗顔料「ビオレ」は、1980（昭和55）年3月に発売。固形石けんをつかった洗顔が主流であった当時、それによる肌のつっぱり感をおさえることが、開発のポイントだった。研究の結果、ある界面活性剤（→p5）が、皮膚への刺激が少なく、製品化に有望であることがわかった。いくつかの問題点をのりこえて発売された「ビオレ」は、ニキビ予防にすぐれていることも評判となって、若者たちに歓迎された。「ビオレ」の発売により、洗顔料の市場は急速に拡大した。その後、1984（昭和59）年発売の全身洗浄料「ビオレU」のシリーズも大ヒットし、現在にいたるまでトップブランドとなっている。

◀「ビオレU ポンプタイプ」（2014年）。

▲発売当時の「ロリエ」。

▲高吸水性ポリマーは、体積の500〜1000倍の水を吸収する。

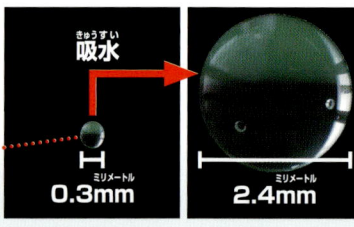

吸水 0.3mm → 2.4mm

見学！日本の大企業 花王

●「花王ソフィーナ」の発売

花王は、創業直後の一時期をのぞいて、化粧品事業には本格的にたずさわってこなかった。1960年代から70年代にかけての生活水準の向上にともない、化粧品の需要が高まるとの見こみもあり、皮膚科学の研究をもとに商品開発が進められた。テスト販売ののちに、1982（昭和57）年9月、「花王ソフィーナ」が全国発売。「ソフィーナ」は、それまでの他社の商品とはことなる、皮膚科学から生まれた商品であることをアピールし、店頭で「肌診断器」を利用した販売もおこなった。発売初年度の売上12億円が、2年後には5倍、6年後には40倍近くまで成長した「ソフィーナ」シリーズは、その後、安定したロングセラーとなった。

▲発売当時の「花王ソフィーナ」（1982年）。

●「メリーズ」から大人用おむつへ

紙おむつ「メリーズ」が製品化されたのは、「ロリエ」の発売から5年後、1983（昭和58）年のこと。その数年前から、国内外の有力メーカーがあいついで紙おむつを発売していた。日本ではまだ圧倒的に布おむつがつかわれていたが、欧米では大きく消費が拡大している有望分野だった。「メリーズ」は、ぬれてもサラッとしている、もれないけれどむれない、ポリマーをつつむ不織布*の肌ざわりがよいなど、つかいごこちのよさに徹底的にこだわって研究された。その結果、数かずの新素材が開発され、22件もの特許が認められた。「メリーズ」は、夜のおむつ交換がいらない、もち歩きに便利などとして人気をよび、日本での布おむつから紙おむつへの切りかえを一気に進ませたとされている。花王ではその後、高齢化社会が進行するのにあわせた大人用の紙おむつの研究と商品開発もおこない、1991（平成3）年、大人用紙おむつ「リリーフ」を発売した。

*繊維を糸にしないで、化学的処理や熱処理などによって接着してつくる布。やわらかくて、つよいとされる。

▶発売当時の「メリーズ」。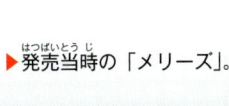

●「クイックルワイパー」の登場

1980年代（昭和55年～）、マンションなどの床材として従来のたたみやカーペットのかわりにフローリングが多くなってきたなか、そうじ機や化学ぞうきんなどにかわるフロア用のそうじ道具として花王が開発し、1994（平成6）年に発売したのが「クイックルワイパー」。立ったまま手がるにつかえるそうじ道具として、それ以降およそ20年間、模倣品も多く出まわるなかで、高い品質で消費者に選ばれつづけている。
「クイックルワイパー」は、先に特殊なスポンジ製のヘッドがついたT字型の柄と、交換可能なほこり取りのシートで1セットになっている。高い品質のひみつのひとつは、おむつに採用していた不織布をシートに応用したこと。それをヘッドに取りつけた試作品は、魔法のように、一度からめとったほこりや髪の毛をはなさず、不織布はすぐにまっ黒になったという。発売以来、シートの品質やヘッドの形状などをどんどん進化させて、そうじがにがてな人でも、サッと手がるにつかえるそうじ道具として、定番の人気商品となっている。

▶「クイックルワイパー」の道具本体（右、2014年）と、組みたてたようす（左）。

▲2011（平成23）年にあらたに採用したクッションヘッドによる、汚れを集める力の比較。左：改良前、右：改良後。

9 「アタック」の登場

衣料用洗剤の販売がはげしくあらそわれ、省資源の意識も高まった1980年代。花王の消費者へのこたえは、常識をくつがえす発想と新しい発見で開発されたコンパクト洗剤、「アタック」だった。

▶ 1987（昭和62）年発売の「アタック」は、箱の大きさもそれまでの洗剤の4分の1になった。また、つり手をつけて、もちやすくした。

洗剤への不満と期待

1980年代（昭和55年～）の前半、衣料用洗剤の販売競争ははげしく、それまでの1.5倍ほどの量で、重さ4kg以上の徳用サイズが各社から発売されていました。いっぽうで、オイルショックをきっかけに省資源の意識が高まり、各社から濃縮小型化洗剤も発売されていました。しかし、汚れ落ちがかわらないため、あまり好まれませんでした。また消費者には、くつしたや肌着などの木綿繊維の汚れが落ちにくい、徳用サイズは大きすぎて重い、計量がかんたんにできない、などの不満もあったため、それまでにない新しい洗剤がもとめられていました。

洗浄力の向上とコンパクト化

研究者たちが取りくんだテーマはふたつ。木綿繊維のがんこな汚れをすっきり落とすこと、そして、楽に取りあつかえるように洗剤をコンパクト化することです。解決するには、常識をくつがえす発想と、新しい発見が必要でした。

●研究テーマ１：汚れ落ちへのこだわり

調べた結果、それまでの洗剤は表面の汚れは落とすが、繊維の内部にもぐりこんだ汚れに洗浄成分がとどいていないことがわかった。そこで、まったく新しい発想から着目したのが、アルカリセルラーゼ*1という酵素*2。この酵素は、木綿繊維をつくっているセルロース*3に作用して汚れを落とすためにはたらく。しかし同時に繊維をぼろぼろにしてしまう可能性もあった。さらに、アルカリセルラーゼは大量につくりだすことがむずかしかった。いくつもの困難をのりこえて商品化するまで、数年もかかった。

* 1 アルカリセルラーゼは2010（平成22）年、国立科学博物館がさだめる、第3回「重要科学技術史資料」（愛称は、未来技術遺産）に登録された。
* 2 生物の細胞内でつくられるタンパク質の触媒（化学反応のなかで、自分は反応することなく、反応をうながす物質）としてはたらくものの総称。
* 3 植物や繊維の主要成分で、地球上にもっとも多い炭水化物。

●汚れを落とすしくみ

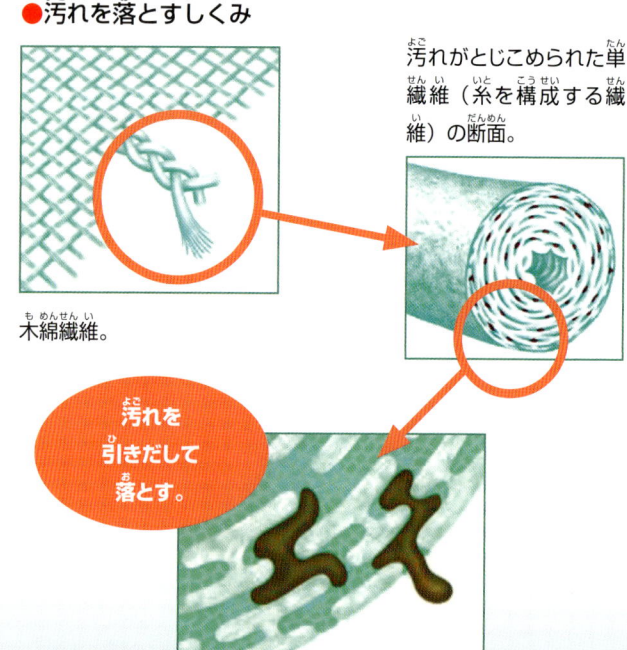

木綿繊維。

汚れがとじこめられた単繊維（糸を構成する繊維）の断面。

汚れを引きだして落とす。

● 研究テーマ２：コンパクト化

洗剤がかさばっていた理由のひとつは、水にとけやすくするため、洗剤のつぶに空気を入れてふくらませていたためだった。空気をのぞくことで、密度が高くなっても、かたまりにくくするくふうをくわえて、洗剤のつぶを４分の１の大きさにした。さらに、新容器の大きさを決めるのに１年、軽量スプーンのかたちを決めるのに３年もかけるほど徹底してコンパクト化にこだわった。

▶「アタック」が発売されたときの広告（1987年）。

「アタック」の誕生と進化

1987（昭和62）年４月に誕生した「アタック」は、「スプーン１杯でおどろきの白さに」のキャッチフレーズとともに、爆発的なヒットを記録＊。その後の洗剤商品のコンパクト化をリードし、アジアをはじめ海外生産も進められ、世界の衣料用洗剤の方向性をかえたといわれるほどの影響をもたらしました。

「アタック」はその後もどんどん改良がくわえられました。2001（平成13）年に発売した、「ア

以前のアタック粒子　つぶのそろったマイクロ粒子

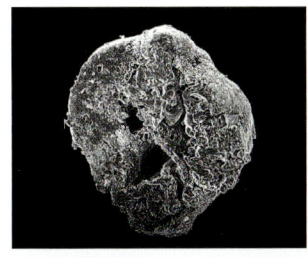 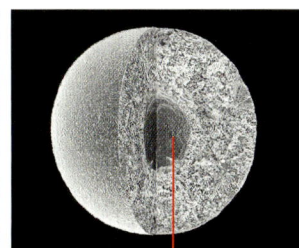

ひとつぶひとつぶに空気をとじこめたエアーイン構造

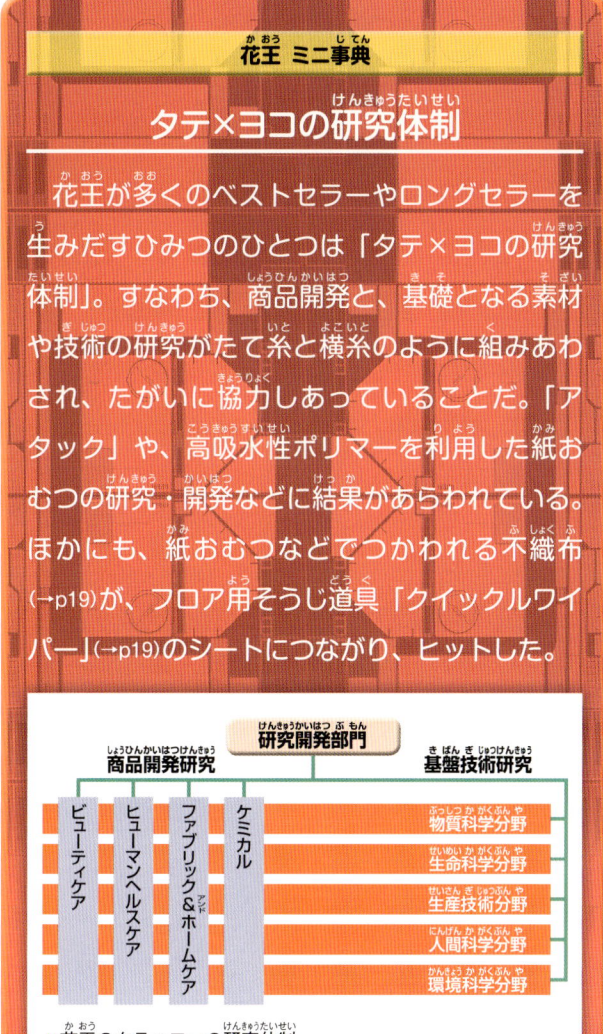

花王 ミニ事典
タテ×ヨコの研究体制

花王が多くのベストセラーやロングセラーを生みだすひみつのひとつは「タテ×ヨコの研究体制」。すなわち、商品開発と、基礎となる素材や技術の研究がたて糸と横糸のように組みあわされ、たがいに協力しあっていることだ。「アタック」や、高吸水性ポリマーを利用した紙おむつの研究・開発などに結果があらわれている。ほかにも、紙おむつなどでつかわれる不織布（→p19）が、フロア用そうじ道具「クイックルワイパー」（→p19）のシートにつながり、ヒットした。

▲花王のタテ×ヨコの研究体制。

タック マイクロ粒子」は、より多くの洗濯ものをより少ない時間で洗いたいとの要望を受けて、はやくとけて洗浄力を発揮する洗剤として開発したものです。その特長は、エアーイン構造。それまでにくらべてつぶのそろった球状のマイクロ粒子に空気をとじこめ、それがはじけてすばやくとけるものです。新製品は、冷たい水でもサッととける洗剤として評判をよびました。

その後も洗剤の研究は進み、すすぎを１回で終えられる、液体洗剤の「アタックNeo」などが発売されています。

＊翌年の1988（昭和63）年には、衣料用洗剤のシェアが50％をこえた（花王調べ）。

10 暮らしを支えるケミカル製品

花王は、ケミカル事業として、産業界と人びとの暮らしを支える工業製品を製造している。多種多様な製品で、世界に貢献をつづけている。

▲マレーシアの工場（2013年）。

ケミカル事業のはじまり

1911（明治44）年、花王の前身である長瀬商店が、粗製グリセリンを発売したことが、ケミカル事業のはじまりになりました。第二次世界大戦前には、グリセリンや高級アルコール（→p11）にくわえて、業務用食用油脂やヤシ脂肪酸[*1]などを生産。戦中には航空潤滑油（→p13）製造の技術をたくわえ、それらが戦後、脂肪酸、界面活性剤、可塑剤[*2]など、ケミカル製品の生産につながりました。

ケミカル事業は現在、花王の事業の4本柱のひとつとなっていて、総売上の2割近くをしめ、紙・パルプ、土木・建築など、はば広い産業に向けた工業用化学製品を提供しています。また、天然油脂（→p5）からつくる油脂製品を原料とする界面活性剤（→p5）や香料などは、家庭用製品の原料としてもつかわれています。原料から生産・開発していることは、花王のつよみのひとつになっています。

た。1964（昭和39）年にタイからスタートしたのをかわきりに、1970年代（昭和45年～）にはスペイン、メキシコ、インドネシア、フィリピンなどで、本格的なケミカル事業をはじめました。輸出にくわえて、現地生産というかたちでも事業を展開し、ケミカル事業の海外展開はいっそう活発化していきました。

ケミカル事業は、いまではアジアで7つの国と地域、また欧米5か国に事業拠点をおくまでに成長し、花王のなかでももっともグローバル化が進んでいて、売上も海外が約6割となっています。なかでも、高級アルコールや複写機・プリンター用トナーバインダー[*3]は、世界市場でのシェアが

[*3] バインダーは、結合剤のこと。

トップシェアをほこる

原材料を確保することと、もとめられる工業分野の範囲の広さから、花王のケミカル事業ははやい段階から海外との交流を進めてきまし

[*1] 一般的に脂肪といわれているものをつくる要素。
[*2] 合成樹脂、ゴム、繊維などの材料を、加工しやすくするためにくわえる物質。

●ケミカル事業のおもな海外拠点

見学！日本の大企業　花王

● 暮らしのなかでつかわれている花王のケミカル製品の例

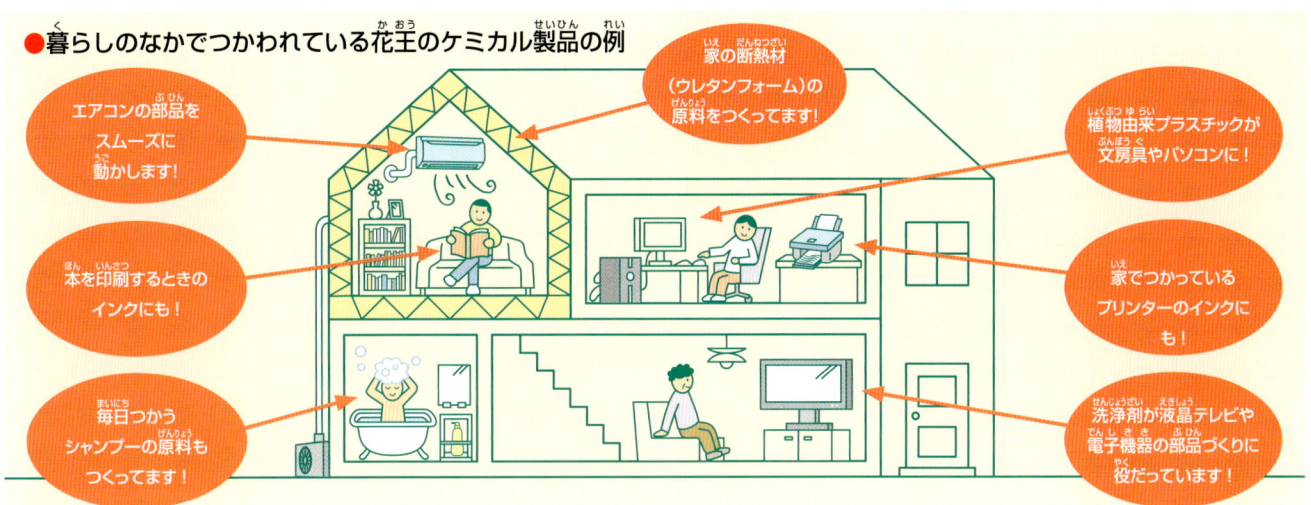

1位であり、界面活性剤もアジア市場でトップシェアを獲得するなど、世界の産業界で大きな役割をはたしています。

暮らしを支え、環境を守る製品

花王のケミカル製品は、それぞれの産業で原材料や製造工程の薬剤などとしてはたらき、見えないところで人びとの毎日の暮らしを支えています。いくつかの製品は二酸化炭素（CO_2）の削減など、環境の保全にも大きく貢献しています。その代表的なものを見てみましょう。

●「マイテイ」

コンクリート用混和剤の「マイテイ」は、界面活性剤のはたらきのひとつである、分散作用を利用した、セメント分散剤*。工場でつくるコンクリート製品は、型枠にコンクリートをながしこんだあと、加熱することで強度を高める。「マイテイ」をつかうと、これまでよりも低

* 液体のなかでかたまっている粉末の粒子を、ばらばらの独立した粒子にするためにもちいる薬剤。

▲「マイテイ」をつかわないコンクリート（左）と、つかったコンクリート（右）。「マイテイ」をつかうと、少ない水でも、状態がよく、作業しやすいコンクリートになる。

温・短時間で加熱処理ができるため、製造のときに必要な熱エネルギーが少なくてすみ、CO_2の削減にもつながる。1964（昭和39）年に発売されたあと、独自の市場を開拓した製品として、大きなシェアをしめるようになった。

● 低温定着トナー

コピー機は、顔料（着色する物質）を樹脂にまぜた粉状のインク（トナー）を高温でとかし、紙に定着させて印刷する。花王の「低温定着トナー」をつかうと、いままでよりも35℃も低い温度ですばやくとけて、紙にしっかりと定着する。コピー機の消費電力を約40％へらし、CO_2排出量の削減に役だっている。

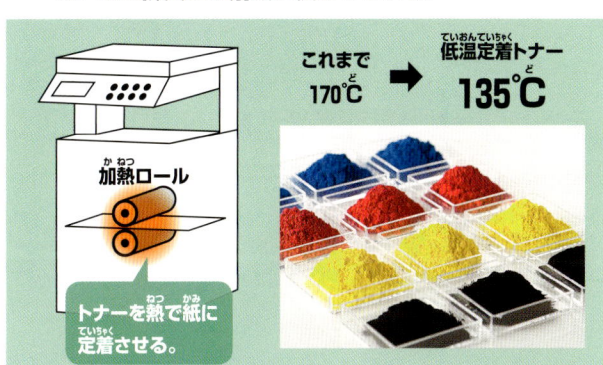

● 古紙再生用脱墨剤「DIシリーズ」

紙は、原料である木材チップから完成するまでに多くの薬品とエネルギーがつかわれる。そのため、使用ずみの紙を古紙として再生する取りくみが広くおこなわれている。段ボールなどに利用する古紙は、ごみなどをのぞけば使用できるが、印刷用紙や新聞用紙には、印刷されているインクを取りのぞく必要がある。このインクを取りのぞくためにつかわれる薬剤が脱墨剤。花王の脱墨剤は界面活性剤のはたらきを生かすことで、効率よくインクを取りのぞき、白い紙に生まれかわらせることができる。

11 業務革新から企業革新へ

1970年代から1980年代なかばにかけて、新しい事業分野を積極的に展開し、多角化をおし進めるのにともなって、花王は社名を変更し、同時に、企業全体の革新ともいえるほどの、大胆な社内改革を進めた。

▶ 1985年に社名が変更されたのにともなって、月のマークとロゴにグリーンのコーポレートカラーが採用された。

花王株式会社へ社名変更

「花王石鹸株式会社」の社名を変更することがはじめて社内で検討されたのは、1970年代はじめ（昭和45年ごろ）のことでした。そのときは反対意見が多く、変更はとりやめになりました。しかし、事業の多角化が進み、海外で石けん以外の商品を多数取りあつかうようになっていたことや、海外で特許をえようとする分野が界面活性剤（→p5）などの工業用製品であることが多かったため、英文の会社名表記を変更することが必要となってきました。そこでまず、1982（昭和57）年に英文の表記から「Soap（石けん）」の文字を取りのぞき、1985（昭和60）年10月には、「花王株式会社」に社名を変更することが決まりました。また社名変更にあわせて、コーポレートカラーをオレンジからグリーンに変更しました（→p5）。

売上の急増

花王は、積極的な事業展開が成功し、1970年代後半から90年代にかけて（昭和50年代〜平成）、売上が毎年10％ほどのびつづけました。1986（昭和61）年にははじめて売上が4000億円を突破し、その後ものびつづけます。

TCR活動

こうして売上が急増するなかで、花王は、全社をあげてTCRに取りくみ、社員一人ひとりの意識をひきしめ、むだをはぶく活動をはじめました。TCRとは、"Total Cost Reduction"のかしら文字とされ、「むだなコストを全社、全方向で見なおし、削減する活動」と定義されました。業績が成長段階である時期だからこそ、ゼロから見なおすことをもとめました。それは、いままでの成功に満足せず、仕事のしくみとやり方をみずからがかえていくことであり、コストの削減は、あくま

●1975〜1999年の売上

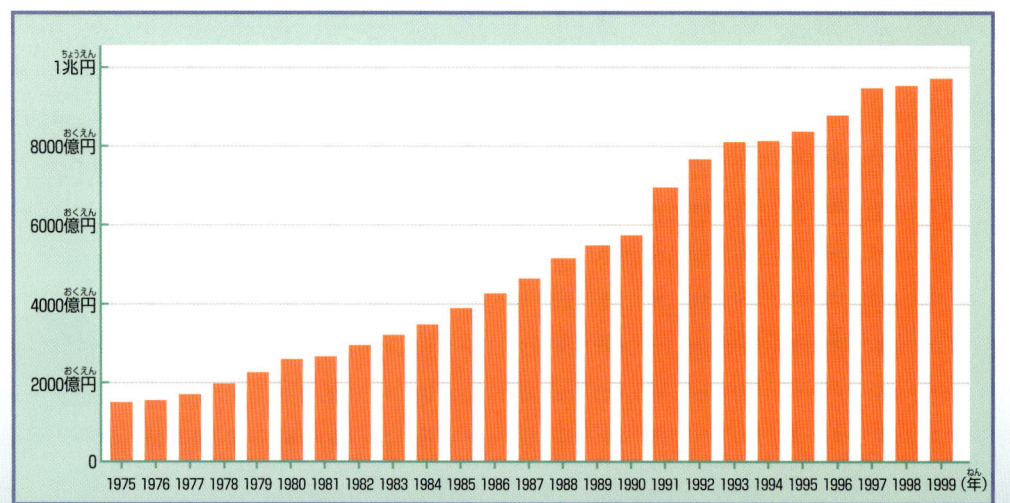

見学！日本の大企業　花王

▲経営幹部も参加するTCRの会議（1987年）。

で結果の目標とされました。
　TCR活動は1986（昭和61）年に第1次活動がスタートし、現在は2013（平成25）年からスタートした第5次活動に取りくんでいます。第1次には、ペーパーレス（書類をへらす）などの身近な活動や、生産ラインにおける機械化・省力化（人のはたらきを機械がおこなう）、また物流の合理化や、建設・設備の管理システムをきずくことなど、合計12のプロジェクトがおこなわれました。さらに、省力化を進めるかぎとなるコンピューターネットワークと、ソフトウェア*の開発プロジェクトもくわわりました。第1次TCR活動は約3年間にわたって展開され、結果的に、合計で240億円のコストを削減しました。TCR活動はただの業務の革新ではなく、企業全体の革新となり、創造的な体質づくりに貢献しました。

*コンピューターを運用するプログラムのこと。運用の手順や処理する情報などをふくめていうこともある。

▼TCR活動によって半分に短縮された製造ライン（1987年）。

花王 ミニ事典
生活者の声をかたちに

花王は、家事科学研究所（→p11）の伝統につながる消費者相談センター、さらに2007（平成19）年からは生活者コミュニケーションセンター（下写真）で、1日約1000件、1年で約24万件の生活者（消費者）からの問いあわせにこたえている。そこからえられた情報は、すぐに開発チームに伝えられ、商品を改良するために役だっている。

　生活者の声が生かされた改良点として、シャンプー容器のきざみがある。シャンプーとリンスが同じデザインの容器の場合、目の不自由な人ばかりでなく、一般の人も、髪を洗うときに目をつぶるのでわかりにくいという声があった。そこで花王は、シャンプー容器の側面にきざみを入れて、リンスと区別できるくふうを考えた。1991（平成3）年に第1号商品が発売され、翌年には花王の全種類のシャンプーにきざみが入れられた。この改良は、ユニバーサルデザイン*として、JIS（日本工業規格）の標準となり、ほかのメーカーも同様の改良をするようになった。

*年齢や障害のあるなしにかかわらず、すべての人がつかいやすいようにくふうされた用具や建造物などのデザイン。

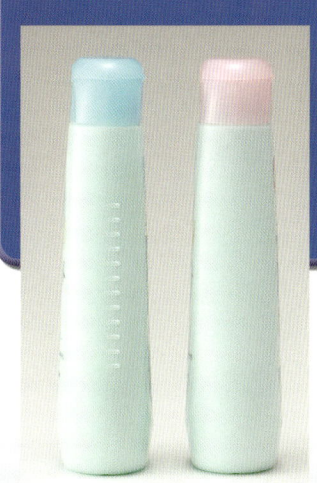

◀シャンプーボトルの側面にきざみを入れて、リンスと区別できるようにした。

12 花王の海外展開

海外という、巨大なグローバル市場に対する挑戦者である花王は、ユニークな商品とサービスを提供する「オンリーワンカンパニー」として、その個性を認められるための、さまざまな方策を実行している。

アジアへの輸出販売からはじまった

家庭品事業の海外への展開は、まずアジア諸国への輸出販売からはじまり、その後、現地での会社設立、生産・販売にうつっていきました。輸出販売は、1957（昭和32）年に「花王フェザーシャンプー」（→p15）をタイへ送りだしたことからはじまりました。その後、輸出先をシンガポールや香港などにも広げ、さらにシャンプーできずいた市場を足がかりとして、洗剤の輸出もおこないました。各国での販売は順調にのび、日本からの輸出だけでは対応しきれなくなりました。そこで花王は、現地での事業をさらに発展させるため、1964（昭和39）年にはタイと台湾に会社を設立しました。以降、シンガポール、香港、マレーシア、インドネシア、中国、ベトナムにも会社を設立し、現在、花王のアジアでの家庭品事業は、これらの8つの国と地域を拠点におこなわれています。

▲タイの店頭にならぶ「アタックイージー」（上）と、インドネシアで2014年に発売された「アタックJaz1」（下）。

▼タイの洗濯調査（2010年）。

生活様式にあわせた製品の開発

清潔、美、健康をもとめる人びとの願いは、海外においてもかわりません。しかし、それらをどのように実現させるかについては、生活する環境や文化によって大きくことなります。そこで花王では、各国の消費者にどのような製品を提供すれば貢献できるかを第一に考え、現地の実情を知るために、開発チームが家庭訪問をくりかえしながら、徹底した調査をおこなっています。このような取りくみで開発した商品のひとつが、2006（平成18）年にタイで発売した、衣料用の手洗い専用洗剤「アタックイージー」です。日本とはちがい、まだ手洗いで洗濯をすることが多いタイでは、軽い力でもみ洗いができ、洗濯にかかる負担

見学！日本の大企業 花王

を軽くすることができるこの洗剤が広く受けいれられています。同様の取りくみは、ほかの国や分野の製品でもおこなわれています。

欧米での事業を広げる

欧米では、スキンケア製品やヘアケア製品、高級化粧品といった、ビューティケア事業を展開しています。日本で誕生し、アジア各国・地域でも販売されているスキンケアブランド「ビオレ」を欧米でも販売していますが、事業を着実に広げているのは、現地企業との合弁*や買収を中心に獲得した、以下のようなブランドが中心となっています。

*ことなる国の企業が事業をおこなうために、共同で資本を出しあってともに経営にたずさわること。

● スキンケア事業
- 1988（昭和63）年：スキンケア事業で100年以上の歴史をもつ、アメリカのアンドリュー・ジャーゲンズ社を買収。
- 1998（平成10）年：「キュレル」ブランドをアメリカの企業から買収。

● ヘアケア事業
- 1980（昭和55）年：高級ヘアケア製品の製造販売をおこなうグール・コスメティクス社をドイツで設立。（1986年にグール・イケバナ社に改称）
- 1989（平成元）年：美容サロン向けヘアケア製品を製造販売するゴールドウェル社（ドイツ）を買収。
- 2002（平成14）年：サロンビジネスを展開するKMS社を買収。イギリス発祥の、プレミアムヘアケアメーカーのジョン・フリーダ社を買収。
- 2005（平成17）年：イギリスの高級化粧品メーカー、モルトン ブラウン社を買収。

将来のさらなる発展に向けて

花王グループでは、海外事業を本格化させるために、各社が連携を深め、総合力を発揮できる体制の強化を進めています。

2006（平成18）年からは、日本をふくめたアジア全体をひとつの市場ととらえる、「アジア一体運営」に取りくんでいます。これは、「仕事の連携」「仕事の標準化」「花王ウェイ（→p28）の共有」の3つを柱に、花王グループがもつ能力や知識、技術を共有することによって、すばやく的確に、商品開発、研究、生産、宣伝広告、販売活動をおこなえるようにするものです。2011（平成23）年からは、欧米のビューティケア事業においてもこの一体運営を進めています。欧米で獲得し、展開しているブランドのほとんどは、もとは別べつの企業であり、花王グループ入りしたタイミングもことなるため、以前はブランドごとに運営されていました。「欧米ビューティケア事業の一体運営」によって、花王グループの総合力と技術力を十分に発揮できるように、国ごとの管理をおこなうようになりました。花王グループは、近い将来に海外売上比率を50％まで高める目標をかかげていますが、その実現に向けて、着実に成長をつづけています。

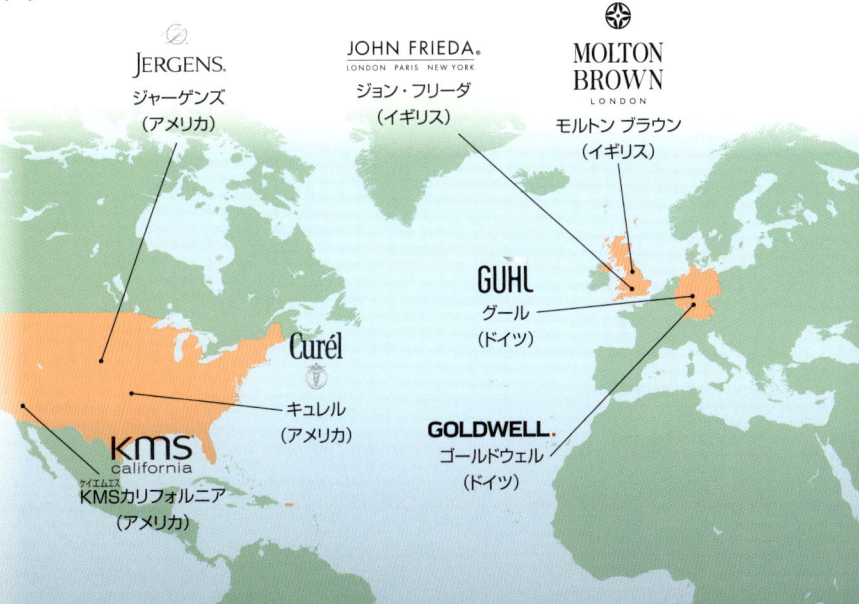

- ジャーゲンズ（アメリカ）
- ジョン・フリーダ（イギリス）
- モルトン ブラウン（イギリス）
- キュレル（アメリカ）
- KMSカリフォルニア（アメリカ）
- グール（ドイツ）
- ゴールドウェル（ドイツ）

13 企業理念を受けつぎ発展させる

20世紀をつうじてさまざまな困難がつづくなかでも、「よきモノづくり」の精神で、研究・開発を原動力に発展してきた花王は、21世紀をむかえ、今後の方向性を示した。

使命
ゆたかな生活文化の実現

ビジョン
消費者・顧客をもっともよく知る企業に

基本となる価値観
よきモノづくり
絶えざる革新　正道をあゆむ

行動原則
消費者起点　現場主義
個の尊重とチームワーク
グローバル視点

▲「花王ウェイ」（2004年日本語策定）。

▲▶「花王ウェイ」は、各国の花王で業務のよりどころとなっている。

基本理念から花王ウェイへ

花王では1999（平成11）年1月に、以前からの「花王の基本理念」の改訂版を発表し、次の3点で見なおしをおこなうとしました。
①グローバル企業をめざす姿勢を明らかにした。
②顧客重視の姿勢をより強調した。
③社会的責任をはたすうえで、環境と地域社会を視野に入れた。

つまり、世界的な企業をめざし、顧客の立場にたち、環境を保護する経営をおこなっていくことを示したのです。さらに基本理念を社員に浸透させるために、具体的な指針が必要とされ、それが「花王ウェイ」の策定につながりました。

花王ウェイとは？

広く海外へと事業を展開するなかで、創業以来の企業文化や基本的な精神をまとめたものを、社員に正しくことばで伝えることが必要になっていました。そこで2004（平成16）年、「使命」「ビジョン」「基本となる価値観」「行動原則」から構成される「花王ウェイ」が策定されました。「花王ウェイ」を基本とすることで、事業計画をつくることから、毎日の仕事のなかでの判断まで、グループや個人の活動が一貫したものとなることが期待されました。「花王ウェイ」は13の言語に翻訳され、各国・地域の事業および個人の活動のよりどころとなっています。

見学！日本の大企業 花王

新コーポレートアイデンティティ*1

2009（平成21）年6月17日、花王は、新コーポレートアイデンティティ（CI）、「自然と調和する こころ豊かな毎日をめざして」をさだめました。これは、創業から1世紀以上を経過し（→p6）、消費者の毎日の生活によろこびをとどけるためにつづけてきた「よきモノづくり」をさらに進化させ、地球環境との調和をめざすというグループの使命をあらためて確認したものです。そのため、エコロジー*2（eco）を経営の中心とすることと、清潔、美、健康のそれぞれの分野で、ゆたかな生活文化の実現に貢献する企業をめざすことを発表しました。

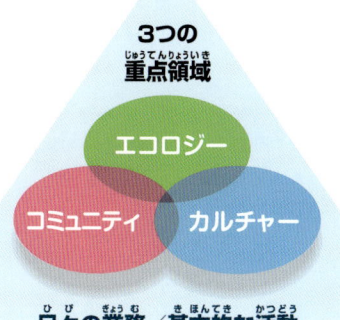

ント」を公表しました。そのなかでは、社会の動きや花王のつよみをふまえて、「エコロジー」（環境への取りくみ）、「コミュニティ」（社会的活動）、「カルチャー」（誠実な事業活動）の3つを重点領域としてかかげています（上の図）。

*1 企業の経営理念にもとづいて、イメージやカラー、目標、行動規範などを統一するもの。
*2 自然環境を保護し、人間の生活との共存をめざすという考え方。

自然と調和する こころ豊かな毎日をめざして

▲新CIをさだめたのと同時に、マークの「花王」の文字を「kao」にかえた。

サステナビリティステートメント*3

さらに花王は2013（平成25）年、「花王ウェイ」をもとに時代や各地域の要望を把握し、独自の技術や知識を生かしたうえで、社会のサステナビリティのために取りくむことと、グローバル規模で企業を発展させることとをどう両立するかを示すために、「花王サステナビリティステートメ

*3 "sustainability" とは「持続可能性、もちこたえる力」と訳され、地球や社会を将来にわたって持続していこうという姿勢をあらわす。"statement" は、おおやけに発表する声明のこと。

花王ミニ事典

字幕つきテレビコマーシャル

花王は、宣伝・広告、とくにテレビコマーシャルによって消費者に直接アピールすることに力を入れている。「人にやさしいモノづくり」をめざす企業として近年取りくんでいるのが、字幕つきテレビコマーシャル。高齢化が進み、6人に1人が聴覚に問題をもつといわれる現在、字幕が見られる番組がふえているいっぽう、テレビ放送の18％をしめるコマーシャルにはほとんど字幕はなかった。花王では、さまざまな問題点をのりこえて、2011（平成23）年8月から約3年間で、500本近くの字幕つきコマーシャルをテスト放送してきた。今後、本格的な字幕つきテレビコマーシャル放送をめざしている。

▶2012（平成24）年1月から3か月間放送された、字幕つきテレビコマーシャル。

14 環境への取りくみと社会貢献活動

自然と調和する製品をつくる花王にとって、資源と環境を保護することと、社会貢献活動をおこなうことは、切りはなせない関係にある。

資源と環境の保護をめざして

家庭で毎日のようにつかわれる製品を生産・販売する花王にとって、製品の一生、すなわち、(1)原材料の調達、(2)エネルギーや水を使用する製造、(3)トラックや鉄道などを利用する物流、(4)お客さまの使用、(5)容器の廃棄までの5つの段階すべてで、発生する二酸化炭素（CO_2）を削減したり、使用する水の量をへらしたりすることは、資源と環境を保護するうえでかかせない責任です。そのために、それぞれの段階で独自の技術を開発してさまざまな取りくみをおこない、最大に環境に配慮した削減数値目標をさだめています。

▲"いっしょにeco"のシンボルマーク。

環境宣言 "いっしょにeco"

2009（平成21）年6月にさだめられた新コーポレートアイデンティティ（→p29）にともなって、花王では環境宣言"いっしょにeco"を発表しました。それは、製品をつかうすべての人びとと協力して地球環境を守りたいとの思いから、すべてのステークホルダー*とともに活動をおこなおう

＊その企業に対して利害をもつすべての人。顧客、株主・投資家、取引先、従業員など。

●花王製品から排出されるCO_2の量*（国内、2013年）

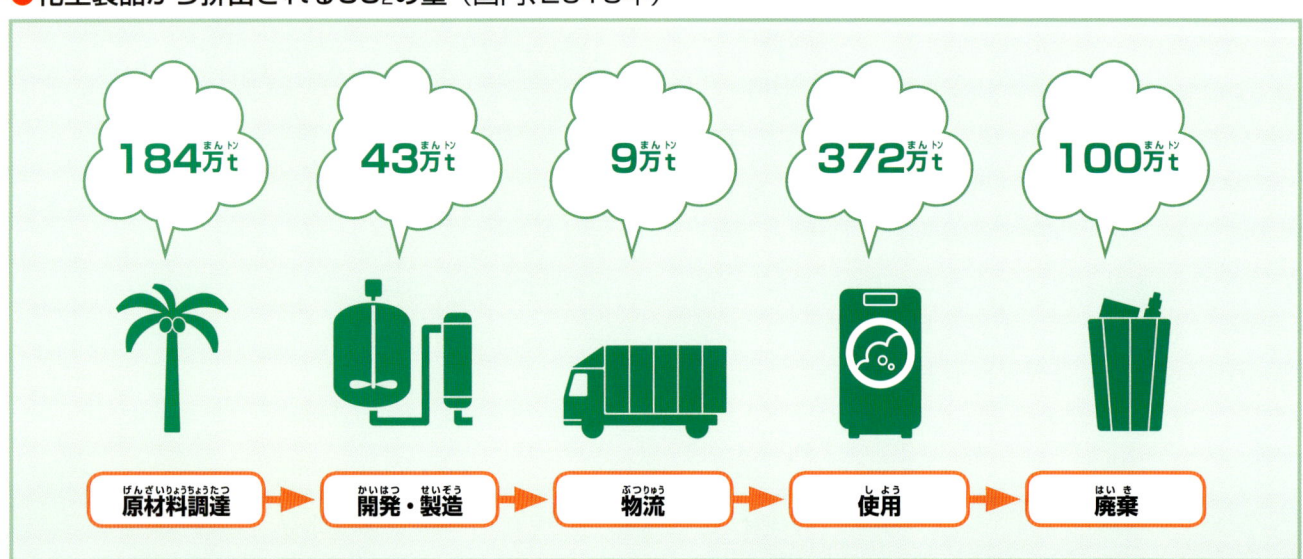

▲花王は、消費者向け製品のそれぞれの段階で発生するCO_2を、2020年までに35％削減する目標をたてた。　　＊花王の計算値。

見学！日本の大企業 花王

という取りくみ、すなわち、3つの"いっしょにeco"につながっています。それぞれの"いっしょにeco"の例は、以下のとおりです。

● 3つの"いっしょにeco"

(1)「お客さまと"いっしょにeco"」の例：
つめかえ用・つけかえ用商品

家庭ごみの約4割が容器などのプラスチックごみだとされる*。1991（平成3）年から花王が採用した、洗剤、シャンプーなどのつめかえ用・つけかえ用包装は、プラスチックの本体容器をくりかえしつかえるようにして、省資源と、ごみの削減に貢献している。

＊出典は、「容器包装廃棄物の使用・排出実態調査の概要（平成20年度）」環境省。

▼「つめかえ」（左）と「つけかえ」（右）のちがい。

| 中身を本体容器につめかえてつかう | スプレー部などを、新しい容器につけかえてつかう |

(2)「パートナーと"いっしょにeco"」の例：
環境にやさしい段ボール

花王が製品の流通につかう段ボールは、年間7万tほど。2006（平成18）年に段ボールメーカーから、段ボールのあつさを5mmから4mmにすることが提案された。しかし、うすくすれば製品が破損するおそれがある。テストをくりかえして問題を解決すると、段ボールだけでなく保管スペースもへらせた。現在ではほぼ100％新規格の段ボールになっており、年間で1500tもの段ボール原紙を削減し、CO_2の削減にも貢献している。

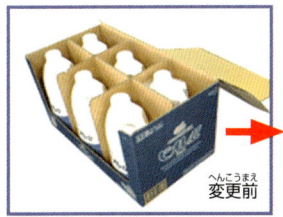 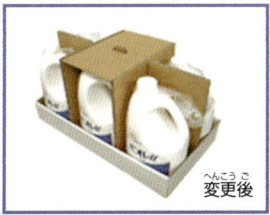
変更前　変更後

▲段ボール梱包デザイン変更の例。ボディソープ「ビオレU」の段ボールしきりを変更することで、約27％も軽くすることができた。

▲森づくりで、大人と子どもがいっしょに活動することで、地域のコミュニティづくりにも役だっている。

(3)「社会と"いっしょにeco"」の例：花王・みんなの森づくり活動

花王は2000（平成12）年から「花王・みんなの森づくり活動」をスタートした。身近な緑を守りそだてる活動と、子どもたちに緑とふれあう機会をあたえる活動をおこなう市民団体などを支援している。支援は毎年新規で約20団体を対象として、3年間継続しておこなわれている。これまでに、「クワガタやカブトムシの生息する森づくり」（神奈川県川崎市）、「被災した桜の復活プロジェクト」（宮城県気仙沼市）など、各地の活動を支援してきた。

花王 ミニ事典

花王国際こども環境絵画コンテスト

"いっしょにeco"の活動に関連して、花王では、2010（平成22）年から、"いっしょにeco"そのものをテーマにした、「花王国際こども環境絵画コンテスト」をおこなっている。2014（平成26）年の第5回では、30の国と地域から8700点以上の応募があり（国内およそ2000点、海外6700点）、「地球大賞」「花王賞」「優秀賞」などがえらばれた。

▲2013（平成25）年度の「いっしょにeco 地球大賞」にえらばれた、タイの子ども（8歳）の作品。

花王の社会貢献活動

花王は、社会貢献活動として、「次世代を育む環境づくりと人づくり」をテーマに、「環境」「教育」「コミュニティ」の3つの領域を重点分野とした活動を進め、地域社会と共存していくことをめざしています。以下はその一例です。

● 出張授業

花王グループでは、「手洗い講座」「おそうじ講座」「環境講座」「ユニバーサルデザイン講座」の4つのプログラムで、実生活に役だつ体験型出張授業をおこなっている。手洗い講座では、手洗いの大切さに気づき、正しい手洗いの習慣を楽しく身につけてもらえるように、各地の学校で社員が授業をおこなっている。アジアのなかには、石けんによる手洗いの習慣がまだ根づいていない国や地域もある。花王グループは、日本だけでなく、タイ、インドネシア、台湾などでも同様の活動を広げている。

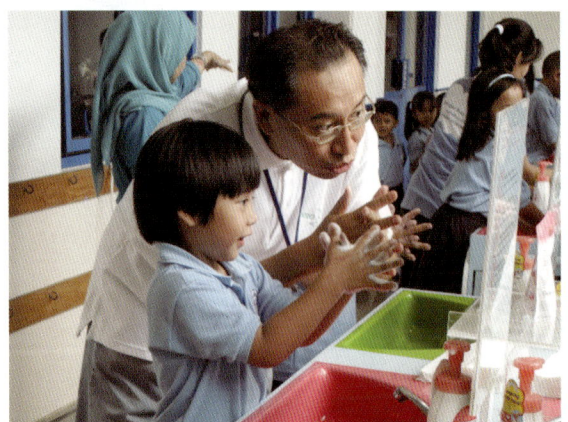

▼インドネシア（上）と日本（下）での手洗い講座のようす。

● 工場見学

衣料用洗剤をつくる花王川崎工場では、小学校高学年の社会科見学を受けつけている。子どもたちは、洗剤をつかった実験、生産設備の見学を通して、「モノづくりのくふう」と「エコのくふう」を発見する。豊橋工場ではハンドクリームづくりの実験、栃木工場では紙おむつ「メリーズ」の生産工程の見学などがおこなわれている。

▲川崎工場で設備を見学するようす。

● 「花王・教員フェローシップ」

花王は、2003（平成15）年度からNGO*1と共同で、小・中学校の教員を対象としたプログラム「花王・教員フェローシップ」を実施している。夏休みの一定期間、生物多様性*2保全に取りくむ海外の研究者のもとへ、ボランティア（無償奉仕）として参加する機会を提供する活動で、その体験や感動を、環境教育の現場で生かしてもらうことを目的としている。これまでに、世界各地で実施された60のプロジェクトに、119名の教員が参加した。

*1 非政府組織。民間で設立される、平和・人権・環境などの地球規模の問題に、国をこえて取りくんでいる団体のこと。
*2 地球上にさまざまな生物が存在していること。

▲「モンゴルの大草原の野生生物」プロジェクトでの調査のようす。

©Tomoko Isoo

資料編❶

花王と製品の歴史

日本一の日用品メーカー花王がもつ、すぐれた機能と品質が認められたロングセラー商品を中心に、歴史を見ていきましょう。

1887(明治20)年
初代長瀬富郎が、東京日本橋馬喰町に花王の前身となる長瀬商店を開業(→p6)。

1890(明治23)年
高級化粧石けん「花王石鹸」発売(→p6)。
▶「花王石鹸」は、輸入品にまけない品質で、好調な売れゆきを示した。

1900(明治43)年
化粧水「二八水」発売。
▶花王(長瀬商店)初の化粧品。1913(大正2)年まで販売された。

1931(昭和6)年
新装「花王石鹸」発売(→p9)。品質がよくなり、価格も下げられた。

1932(昭和7)年
固形「花王シャンプー」発売(→p10)。
▶シャンプーということばを定着させ、日本人の洗髪習慣を大きくかえた「花王シャンプー」の宣伝用ポスター。

1934(昭和9)年
家事科学研究所を設立(→p11)。洗濯講習会などに、多くの女性があつまった。
▶洗濯講習会のようす。

1935(昭和10)年
家庭用クレンザー「ホーム」発売。
▶「ホーム」は第二次世界大戦後、1955(昭和30)年に再発売され、その後「ホーミング」と改称して、現在までつづくロングセラーとなった。

1938(昭和13)年
高級アルコールを原料とした、衣料用粉末中性洗剤「エキセリン」を発売(→p11)。

1945(昭和20)年
第二次世界大戦終戦。各地の工場が空襲にあったが、終戦後数か月で石けんや脂肪酸(→p22)などの生産を再開した。
▶終戦直後から生産をはじめた、配給石けん(→p13)。

1951(昭和26)年
家庭用合成洗剤の先がけとして発売された「花王粉せんたく」(1953年「ワンダフル」に改称)が、電気洗濯機の普及とともに大ヒット(→p14)。

1955(昭和30)年
粉末・中性の「花王フェザーシャンプー」発売(→p15)。2年後には、アジアに向けての輸出を開始。
▶1960年には液体・中性シャンプーの「花王フェザーデラックス」を発売した。

1958(昭和33)年
台所用洗剤「ワンダフルK」発売。
▶「ワンダフルK」は粉末タイプ。のちに液体タイプも発売した。

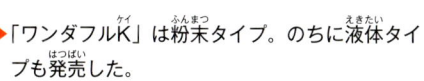

1960(昭和35)年
衣料用洗剤「ザブ」を発売(→p15)。
▶「がんこな汚れにザブ」のキャッチフレーズが広く浸透した。

日本初の住居用液体洗剤「マイペット」発売。

▶「マイペット」の新聞広告(1961年)。

資料編① 花王と製品の歴史

1962(昭和37)年

日本初の柔軟しあげ剤・帯電防止剤「花王ソフター」を発売(1966年「ハミング」に改称)。

※「ハミング」は、現在までつづくロングセラー。

塩素系漂白剤「花王ブリーチ」発売(1966年「花王ハイター」に改称)。

※「ハイター」は、現在までつづくロングセラー。

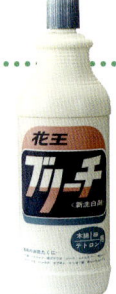

1963(昭和38)年

衣料用洗剤「ニュービーズ」発売。

※「ニュービーズ」のブランドは、現在までつづくロングセラー。

▶「ニュービーズ」の広告(1965年)。「白さと香りのニュービーズ」のキャッチフレーズで、広く受けいれられた。

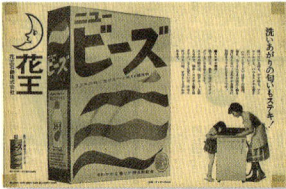

1964(昭和39)年

コンクリート用混和剤「マイテイ」発売(→p23)。

※現在までつづくロングセラー。

1957年から「花王フェザーシャンプー」を輸出し、販売していたタイに、初の海外拠点となる合弁会社を設立(→p26)。

1970(昭和45)年

「メリットシャンプー」を発売。

※現在までつづくロングセラー。

▶フケのなやみを解消し、地肌を清潔にたもつシャンプーとして、子どもから大人まで広く受けいれられた。

1971(昭和46)年

住居用洗剤「マジックリン」発売。

※現在までつづくロングセラー。

▶換気扇やガスレンジなどのしつこい汚れに対応した。

1978(昭和53)年

女性の生理用商品「ロリエ」を発売(→p18)。高吸水性ポリマーの開発によって、広く女性に受けいれられた。

※「ロリエ」シリーズは、現在までつづくロングセラー。

1980(昭和55)年

洗顔料「ビオレ」発売(→p18)。

※「ビオレ」シリーズは、現在までつづくロングセラー。

▶石けんにかわる、肌にやさしい中性タイプの新しい洗顔料として、ヒットした。

1982(昭和57)年

基礎化粧品シリーズ「花王ソフィーナ」を発売(→p19)。

※「ソフィーナ」のブランドは、現在までつづくロングセラー。

▶「ソフィーナ」発売当時の商品ラインナップ。

1983(昭和58)年

炭酸ガスの血行促進効果に着目して開発した、入浴剤「バブ」発売。

※現在までつづくロングセラー。

▶「バブ」は、錠剤タイプの発泡入浴剤で、あらたな市場を創造した。

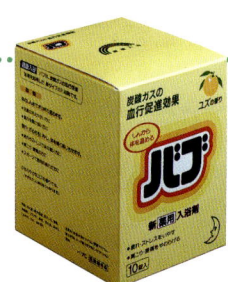

新しいタイプの紙おむつ「メリーズ」発売(→p19)。

※現在までつづくロングセラー。

▶「メリーズ」は、高吸水性ポリマー(→p18)、不織布(→p19)、全面通気性シートなど、さまざまな機能をもった新素材と加工技術から生まれた。

1985(昭和60)年

事業の分野が広がったのにともなって、花王石鹸株式会社から花王株式会社に改称(→p24)。

見学！日本の大企業 花王 資料編

1987(昭和62)年

衣料用コンパクト洗剤「アタック」を発売(→p20)。

※現在までつづくロングセラー。

▶ アルカリセルラーゼ(→p20)による強力な洗浄力で、洗剤の容量を4分の1にした。爆発的にヒットし、洗剤の歴史をかえたといわれる。

1988(昭和63)年

「アタック」を、海外初となる香港で発売。その後、アジア、オセアニア各国に展開。

1994(平成6)年

ソフィーナのメイクアップ（口紅やアイシャドウなど）シリーズとして、「AUBE」発売。

※現在までつづくロングセラー。

▶「AUBE」発売当時の商品ラインナップ。

フロア用そうじ道具「クイックルワイパー」を発売(→p19)。

※現在までつづくロングセラー。

▶ 手がるにそうじができることから、広く消費者に受けいれられた「クイックルワイパー」。発売当時のパッケージ（道具一式セット〔ワイパー本体とシート〕）。

2003(平成15)年

特定保健用食品「ヘルシア緑茶」発売。

※現在までつづくロングセラー。

▶ 高濃度茶カテキン（紅茶や緑茶のしぶみ成分で、抗酸化作用・抗菌作用をもつ）が、エネルギーとして脂肪を消費しやすくする。

高級ヘアケアブランド「アジエンス」発売。2005(平成17)年以降から、台湾、香港、シンガポール、中国、タイでも発売。

▶「アジエンス」は、アジア人女性の黒髪の美しさを追求する商品として発表された。

2004(平成16)年

1999年に改訂された「花王の基本理念」をグローバルな視点から見なおし、花王グループの企業理念「花王ウェイ」を策定(→p28)。

2006(平成18)年

タイで手洗い用の衣料用粉末洗剤「アタックイージー」を発売。

株式会社カネボウ化粧品が花王グループに入る。

◀ カネボウ化粧品のロゴマーク。

2009(平成21)年

「環境宣言」と「新コーポレートアイデンティティ」を発表(→p30)。

衣料用超コンパクト液体洗剤「アタックNeo」を発売。

▶ 世界初の2.5倍ウルトラ濃縮で、すすぎを1回にすることができた。

2010(平成22)年

中国で、日本の「アタックNeo」の技術を応用した節水型の液体洗剤「アタック瞬清」を発売。

▶ 中国で発売されている「アタック瞬清」のシリーズ。

2013(平成25)年

特定保健用食品「ヘルシアコーヒー」発売。

▶ 脂肪を消費しやすくする効果が認められた成分（コーヒークロロゲン酸）が入った、「ヘルシアコーヒー」。

2014(平成26)年

インドネシアで、手洗い用の衣料用粉末洗剤「アタックJaz1」を発売。

35

> 資料編❷

花王エコラボミュージアムを見学しよう!

「花王エコラボミュージアム」では、地球環境のいまを伝えるとともに、環境に配慮した、花王製品のモノづくりを紹介しています。ミュージアムで、毎日の暮らしのなかのエコを考えてみましょう。

■ エントランス

▼「花王エコラボミュージアム」の平面図。それぞれのコーナーをめぐって、いまの地球のこと、花王のエコ商品のなりたちと、商品のエコなつかい方が、楽しく学べる。

■ 地球環境を考えよう

いま地球で何がおきているのか？
わたしたちに何ができるのか？
「地球の温暖化」「いのちと暮らしを支える水」「生物多様性」の3つのテーマで、地球環境のいまを紹介します。

■ エコ家事ラボ

家事をエコにするための、科学の力は？
「エコ視点からの家事」をテーマに、毎日の暮らしを科学的にときあかします。実験をとおして楽しみながらエコ技術を体験し、エコの大切さを学ぶことができます。

■ ごみに出すときのエコ

容器がかわると、ごみはどれくらいへる？
容器は中身をつかい終えるとごみになります。花王では、コンパクト化や、つめかえ用・つけかえ用の製品をふやすことで、ごみをへらそうとしています。元の容器にくらべて、どれくらいごみがへるのか、実際の容器をつかって展示しています。

■ 温室（植物・バイオマス*研究棟内）
温室では、花王製品の原料につかわれているアブラヤシやココヤシなどの植物を育てています。室内環境は、ヤシなどがそだつフィリピンやマレーシアなどの高温多湿地域の気候を再現して、約60種類の植物をそだてています。

＊再生可能な生物由来の資源を、エネルギー源または工業原料として利用すること。

見学！日本の大企業 花王 資料編

■ 花王のエコデザイン
エコな製品はどうやって生まれるのか？
長いあいだ進化してきた花王製品のあゆみや、環境に配慮したモノづくりのひみつなどを紹介します。

■ 原材料をえらぶときのエコ
石けんや洗剤は、ヤシからできている？
原材料はどんな性質をもち、どこでとれるのか、などの疑問をときあかします。また、ヤシなどの植物原料や界面活性剤（→p5）のはたらき、未来の新しい原料についての研究も知ることができます。

■ 製品をつくるときのエコ
工場では、水はどのようにつかわれているのか？
より少ない水やエネルギー、原材料から製品をつくるくふうや、資源の再利用、ごみをへらすことなど、生産におけるエコへの取りくみを、最新技術をまじえて紹介します。

■ はこぶときのエコ・お店でのエコ
製品をはこぶときのエコのくふうは？
製品を小さくしたり、つみ方をくふうしたりすると、一度にたくさんの製品がはこべるため、はこぶ回数がへり、はこぶときに出るCO_2も削減できます。お店のディスプレイをつかって、はこぶときやお店でのエコを紹介します。

■ 製品をつかうときのエコ
暮らしのなかでできるエコは？
家庭での生活を体験しながら、暮らしをエコにするためのポイントを学ぶことができます。毎日の暮らしのなかで、水や電気を少しでもへらすくふうを見ることができます。

■ 電話：073-426-1285
■ 住所：和歌山県和歌山市湊1334 花王株式会社 和歌山工場内
〈アクセス〉JR和歌山駅よりタクシーで約20分
〈開館時間〉月〜金 9:30〜16:00
〈休館日〉土、日、祝日および会社休日、年末年始
〈入館料〉無料
〈見学申しこみ〉事前の申しこみが必要。見学希望日の2か月前から、電話で受けつけ。
（受けつけ時間：9:00〜16:30）

37

さくいん

ア
- アジア一体運営 ・・・・・・・・・・・・・・・・・・・・・・・・ 27
- アタック ・・・・・・・・・・・・・・・・・・・・・ 4, 20, 21, 35
- アタックイージー ・・・・・・・・・・・・・・・・・・・・ 26, 35
- アタックNeo ・・・・・・・・・・・・・・・・・・・・・・・ 21, 35
- 吾嬬町工場 ・・・・・・・・・・・・・・・・・・・・・・・・・・・・ 8
- アルカリセルラーゼ ・・・・・・・・・・・・・・・・・・・・・ 20
- いっしょにeco ・・・・・・・・・・・・・・・・・・・・・ 30, 31
- 衣料用洗剤 ・・・・・・ 4, 5, 15, 20, 21, 32, 33, 34, 35
- エキセリン ・・・・・・・・・・・・・・・・・ 11, 14, 15, 33
- AUBE ・・・・・・・・・・・・・・・・・・・・・・・・・・・・・・ 35

カ
- 界面活性剤 ・・・・・・・・・・・・・ 5, 18, 22, 23, 24, 37
- 顔洗い石けん ・・・・・・・・・・・・・・・・・・・・・・・・・・ 7
- 花王ウェイ ・・・・・・・・・・・・・・・・・・ 27, 28, 29, 35
- 花王エコラボミュージアム ・・・・・・・・・・・・・・・・ 36
- 花王カスタマーマーケティング株式会社 ・・・・・・・ 16
- 花王・教員フェローシップ ・・・・・・・・・・・・・・・・ 32
- 花王国際こども環境絵画コンテスト ・・・・・・・・・ 31
- 花王粉せんたく ・・・・・・・・・・・・・・・・・・・・・ 14, 33
- 花王サステナビリティステートメント ・・・・・・・・ 29
- 花王シャンプー ・・・・・・・・・・・・・・ 10, 11, 15, 33
- 花王石鹸 ・・・・・・・・・・・・・ 4, 6, 7, 8, 9, 10, 12, 33
- 花王石鹸株式会社 ・・・・・・・・・・ 12, 13, 16, 24, 34
- (花王) ソフィーナ ・・・・・・・・・・・・・・ 5, 19, 34, 35
- 花王ソフター ・・・・・・・・・・・・・・・・・・・・・・・・・ 34
- 花王ハイター ・・・・・・・・・・・・・・・・・・・・・・・・・ 34
- (花王) 販社 ・・・・・・・・・・・・・・・・・・・・・・・・・・ 16
- 花王フェザーシャンプー ・・・・・・・・ 15, 17, 26, 33, 34
- 花王ブリーチ ・・・・・・・・・・・・・・・・・・・・・・・・・ 34
- 花王・みんなの森づくり活動 ・・・・・・・・・・・・・・ 31
- 家事科学研究所 ・・・・・・・・・・・・・・・・・ 11, 25, 33
- 可塑剤 ・・・・・・・・・・・・・・・・・・・・・・・・・・・・・・ 22
- カネボウ ・・・・・・・・・・・・・・・・・・・・・・・・・・・ 5, 35
- 紙おむつ ・・・・・・・・・・・・・・・・ 18, 19, 21, 32, 34
- きざみ ・・・・・・・・・・・・・・・・・・・・・・・・・・・・・・ 25
- クイックルワイパー ・・・・・・・・・・・・・・・ 19, 21, 35
- グリセリン ・・・・・・・・・・・・・・・・・・・・・・・・・・・ 22
- 化粧石けん ・・・・・・・・・・・・・・・・・・・・ 4, 6, 7, 33
- ケミカル ・・・・・・・・・・・・・・・・・・・・・・ 5, 22, 23
- 研究の研究会 ・・・・・・・・・・・・・・・・・・・・・・・・・ 10
- 高級アルコール ・・・・・・・・・・・・・・・ 11, 15, 22, 33
- 高吸水性ポリマー ・・・・・・・・・・・・・・・・ 18, 21, 34
- 航空潤滑油 ・・・・・・・・・・・・・・・・・・・・・・・ 13, 22
- 合成洗剤 ・・・・・・・・・・・・・・・・・・・ 14, 15, 16, 33
- 高分子吸収体 ・・・・・・・・・・・・・・・・・・・・・・・・・ 18
- コンクリート用混和剤 ・・・・・・・・・・・・・・・・ 23, 34
- コンパクト(化) ・・・・・・・・・・・・・ 4, 20, 21, 35, 36

サ
- ザブ ・・・・・・・・・・・・・・・・・・・・・・・・・・・・・ 15, 33
- 脂肪酸 ・・・・・・・・・・・・・・・・・・・・・・・・・・・ 22, 33
- 字幕つきテレビコマーシャル ・・・・・・・・・・・・・・ 29
- (初代長瀬) 富郎 ・・・・・・・・・・ 5, 6, 7, 8, 9, 10, 33
- スキンケア ・・・・・・・・・・・・・・・・・・・・・・・・・ 5, 27
- 生活者コミュニケーションセンター ・・・・・・・・・ 25
- 瀬戸末吉 ・・・・・・・・・・・・・・・・・・・・・・・・・・・・・ 6
- セメント分散剤 ・・・・・・・・・・・・・・・・・・・・・・・ 23
- セルロース ・・・・・・・・・・・・・・・・・・・・・・・・・・・ 20
- 洗濯講習会 ・・・・・・・・・・・・・・・・・・・・・・・・ 11, 33
- ソープレスソープ ・・・・・・・・・・・・・・・・・・・・・・ 14

タ
- 大日本油脂株式会社 ・・・・・・・・・・・・・・・・・・・・ 13
- 脱墨剤 ・・・・・・・・・・・・・・・・・・・・・・・・・・・・・・ 23
- タテ×ヨコの研究体制 ・・・・・・・・・・・・・・・・・・・ 21
- 炭酸ガス ・・・・・・・・・・・・・・・・・・・・・・・・・・・・ 34

中性洗剤・・・・・・・・・・・・・・・・・・・・・・・・・・・・・・ 11, 33	
月のマーク・・・・・・・・・・・・・・・・・・・・・・・・・・・・・・ 5	
つめかえ（用）つけかえ（用）・・・・・・・・・・・・ 31, 36	
手洗い講座・・・・・・・・・・・・・・・・・・・・・・・・・・・・・・ 32	
DIシリーズ・・・・・・・・・・・・・・・・・・・・・・・・・・・・・・ 23	
TCR（活動）・・・・・・・・・・・・・・・・・・・・・・・・ 24, 25	
低温定着トナー・・・・・・・・・・・・・・・・・・・・・・・・・・ 23	
天佑は常に道を正して待つべし・・・・・・・・・・・・ 8	
ドロ石けん・・・・・・・・・・・・・・・・・・・・・・・・・・・・・・ 13	

ナ

長瀬商会・・・・・・・・・・・・・・・・・・・・・・・・・ 8, 10, 13	
長瀬商店・・・・・・・・・・・・・・・・・・ 5, 6, 7, 8, 22, 33	
（二代長瀬）富郎・・・・・・・・・・・・・・・・・・・ 8, 9, 10	
二八水・・・・・・・・・・・・・・・・・・・・・・・・・・・・・・・・・・ 33	
日本有機株式会社・・・・・・・・・・・・・・・・・・・・・・・・ 13	
ニュービーズ・・・・・・・・・・・・・・・・・・・・・・・・・・・・ 34	
入浴剤・・・・・・・・・・・・・・・・・・・・・・・・・・・・・・・ 5, 34	

ハ

バブ・・・・・・・・・・・・・・・・・・・・・・・・・・・・・・・・・・・・ 34	
ハミング・・・・・・・・・・・・・・・・・・・・・・・・・・・・・・・・ 34	
ビーズ・・・・・・・・・・・・・・・・・・・・・・・・・・・・・・ 10, 11	
ビオレ・・・・・・・・・・・・・・・・・・・・・・・・・ 18, 27, 34	
皮膚科学・・・・・・・・・・・・・・・・・・・・・・・・・・・・・・・・ 19	
ビューティケア・・・・・・・・・・・・・・・・・・・・・・・ 5, 27	
不織布・・・・・・・・・・・・・・・・・・・・・・・・・・・・・・ 19, 21	
ブルーワンダフル・・・・・・・・・・・・・・・・・・・・・・・・ 15	
ヘアケア・・・・・・・・・・・・・・・・・・・・・・・・・ 5, 27, 35	
ヘルシア・・・・・・・・・・・・・・・・・・・・・・・・・・・・・・・・ 35	
ヘルスケア・・・・・・・・・・・・・・・・・・・・・・・・・・・・・・ 5	
ホーム・・・・・・・・・・・・・・・・・・・・・・・・・・・・・・・・・・ 33	
ホームケア・・・・・・・・・・・・・・・・・・・・・・・・・・・・・・ 5	

マ

マイクロ粒子・・・・・・・・・・・・・・・・・・・・・・・・・・・・ 21	
マイテイ・・・・・・・・・・・・・・・・・・・・・・・・・・・ 23, 34	
マイペット・・・・・・・・・・・・・・・・・・・・・・・・・・・・・・ 33	
マジックリン・・・・・・・・・・・・・・・・・・・・・・・・・・・・ 34	
丸田（芳郎）・・・・・・・・・・・・・・・・・・・・・・・・ 14, 17	
村田亀太郎・・・・・・・・・・・・・・・・・・・・・・・・・・・・・・ 6	
メリーズ・・・・・・・・・・・・・・・・・・・・・ 19, 32, 34	
メリットシャンプー・・・・・・・・・・・・・・・・・・・ 15, 34	

ヤ

ヤシ（油）・・・・・・・・・・・・・・・・ 10, 11, 12, 22, 36, 37	
安かろう、悪かろう・・・・・・・・・・・・・・・・・・・・・・ 6	
油脂・・・・・・・・・・・・・・・・・・・・・・・・・・ 5, 10, 12, 22	
洋小間物・・・・・・・・・・・・・・・・・・・・・・・・・・・・・・・・ 6	
よきモノづくり・・・・・・・・・・・・・・・・・・・・・ 4, 28, 29	

ラ

リリーフ・・・・・・・・・・・・・・・・・・・・・・・・・・・・・・・・ 19	
ロリエ・・・・・・・・・・・・・・・・・・・・・・・・・ 18, 19, 34	

ワ

若松屋・・・・・・・・・・・・・・・・・・・・・・・・・・・・・・・・・・ 6	
和歌山工場・・・・・・・・・・・・・・・・・・・・・・・・・・ 13, 37	
ワンダフル・・・・・・・・・・・・・・・・・・・ 14, 15, 17, 33	

■ 編さん／こどもくらぶ

「こどもくらぶ」は、あそび・教育・福祉の分野で、こどもに関する書籍を企画・編集しているエヌ・アンド・エス企画編集室の愛称。図書館用書籍として、以下をはじめ、毎年5～10シリーズを企画・編集・DTP製作している。

『家族ってなんだろう』『きみの味方だ！ 子どもの権利条約』『できるぞ！NGO活動』『スポーツなんでも事典』『世界地図から学ぼう国際理解』『シリーズ格差を考える』『こども天文検定』『世界にはばたく日本力』『人びとをまもるのりもののしくみ』『世界をかえたインターネットの会社』（いずれもほるぷ出版）など多数。

■ 写真協力（敬称略）
花王株式会社、毎日新聞社

■ 企画・制作・デザイン
株式会社エヌ・アンド・エス企画
尾崎朗子、吉澤光夫

この本の情報は、2015年1月までに調べたものです。
今後変更になる可能性がありますので、ご了承ください。

見学！ 日本の大企業 花王

初　版	第1刷　2015年2月25日	
	第2刷　2019年2月5日	
編さん	こどもくらぶ	
発　行	株式会社ほるぷ出版	
	〒101-0051 東京都千代田区神田神保町3-2-6	
	電話　03-6261-6691	印刷所　共同印刷株式会社
発行人	中村宏平	製本所　株式会社ハッコー製本

NDC608　275×210mm　40P　　ISBN978-4-593-58719-3　Printed in Japan

落丁・乱丁本は、購入書店名を明記の上、小社営業部宛にお送りください。送料小社負担にて、お取り替えいたします。